本书获江西理工大学优秀学术著作出版基金资助
江西理工大学校级重点课题支持，编号：NSFJ2015-K09
国家自然科学基金课题支持，编号：61163063

无线传感器网络
关键技术研究及应用

樊宽刚　么晓康　陈宇航　著

北　京
冶 金 工 业 出 版 社
2017

内 容 提 要

本书通过对无线传感器网络电磁信号在井下传输研究，仿真了矿井不同形状对电磁信号传输的影响，提出应对矿井下电磁辐射干扰的措施；通过研究节点路径优化算法、定位算法及节点在有障环境中的部署，降低无线传感器网络节点能耗，延长节点寿命和网络生存周期，并将研究成果应用于实际，通过压缩感知技术压缩了数据量，验证了研究方法的有效性和可行性。

本书可为基于无线传感器网络技术的矿井下生产和监测系统的设计提供技术支持和设计参考，也可以作为相关领域本科生、研究生和工程技术人员的教材和参考书。

图书在版编目（CIP）数据

无线传感器网络关键技术研究及应用/樊宽刚，么晓康，陈宇航著．—北京：冶金工业出版社，2016.1（2017.1 重印）
ISBN 978-7-5024-7174-3

Ⅰ．①无…　Ⅱ．①樊…　②么…　③陈…　Ⅲ．①无线电通信—传感器—研究　Ⅳ．①TP212

中国版本图书馆 CIP 数据核字（2016）第 010615 号

出　版　人　谭学余
地　　　址　北京市东城区嵩祝院北巷 39 号　邮编　100009　电话　（010）64027926
网　　　址　www.cnmip.com.cn　电子信箱　yjcbs@cnmip.com.cn
责任编辑　张熙莹　美术编辑　吕欣童　版式设计　孙跃红
责任校对　卿文春　责任印制　李玉山
ISBN 978-7-5024-7174-3
冶金工业出版社出版发行；各地新华书店经销；固安华明印业有限公司印刷
2016 年 1 月第 1 版，2017 年 1 月第 2 次印刷
169mm×239mm；14.25 印张；278 千字；216 页
45.00 元
冶金工业出版社　投稿电话　（010）64027932　投稿信箱　tougao@cnmip.com.cn
冶金工业出版社营销中心　电话　（010）64044283　传真　（010）64027893
冶金书店　地址　北京市东四西大街 46 号（100010）　电话　（010）65289081（兼传真）
冶金工业出版社天猫旗舰店　yjgycbs.tmall.com
（本书如有印装质量问题，本社营销中心负责退换）

前　　言

随着无线传感器网络技术在井下的应用逐渐增多，问题也慢慢显现出来，例如井下无线信号传输不稳定、井下设备电磁辐射对传感器节点和系统干扰强、节点布置不合理，节点和系统能量损耗快、生命周期短、大量数据传输经常导致出现错误等。由于井下无线传感器网络系统存在诸多缺陷与不足，已成为制约矿井下开采和生产安全的瓶颈问题，整个系统升级换代迫在眉睫。本书针对上述问题，逐步分析，并提出解决措施，通过实际应用验证所提方法和措施有效性，推进无线传感器网络在井下大规模应用，极大地提高了井下开采和生产的效率和安全。

无线传感器网络是一个动态网络，体系结构会根据实际情况随时变化，以实现对所监测区域的完全覆盖，保证整个系统网络的实时畅通。矿井下开采和生产环境复杂，高压设备和大型设备多，电磁干扰严重，信息传输量大，数据采集困难，井下作业危险性高，因此要求井下系统能耗少、网络寿命长、信息采集准确、传输可靠。本书主要研究影响无线传感器网络系统的几个关键技术，并应用于实际，研究内容包括以下三大部分：第2～4章主要是研究WSN信号在井下传输问题，分别研究矿井形状对电磁信号的传输影响，基于分集—合并融合技术的抗干扰技术，井下机车对WSN的电磁干扰影响，并提出具体解决措施；第5～9章主要研究WSN优化算法，分别研究了LEACH算法、路径优化算法、能量损耗算法、蚁群算法以及定位算法等，通过所述算法的研究，可以更好地指导节点布置，延长节点和网络的生命周期；第10～13章主要研究WSN应用，分别研究了压缩感知技术对数据的压缩恢复，设计了远距离钨矿考勤系统、环境监测系统以及多用途传输设备。

本书可以为基于无线传感器网络技术的矿井下生产和监测系统的设计提供技术支持和设计参考，也可以指导本科生进入相关领域，开拓视野，还可以作为研究生和工程技术人员的教材和参考书，使读者了解 WSN 电磁信号在井下传输、优化算法及在矿井应用。

全书是由江西理工大学无线传感器网络实验室人员编写而成，由樊宽刚统筹规划并做最后整理，王文帅和陈宇航参与了第 1 章、第 14 章的编写工作；么晓康、陈宇航、王文帅、侯浩楠、谢树鹏、朱小帅、王之班参与了第 2~4 章的编写工作，么晓康、丁高兴、刘丽娜、宋远濮、曹清梅参与了第 5~9 章的编写工作；袁佳楠、赵发、张艳、曾萍、张春光参与了第 10~13 章的编写工作。此外，也感谢其他人员对本书的大力支持。

本书的研究获国家自然科学基金（编号：61163063）和江西理工大学校级重点课题（编号：NSFJ2015-K09）支持，本书的出版获江西理工大学优秀学术著作出版基金的资助，在此表示衷心的感谢。

本书凝聚了作者的研究成果，若有不足之处，恳请读者批评指正。

樊宽刚

2015 年 12 月 7 日

目　　录

1 绪　　论

1.1　WSN 的概述

1.1.1　WSN 的定义

无线传感器网络（wireless sensor networks，WSN）是一种 Ad. hoc 网络，指在传感器技术、微机电系统技术和网络技术等三大技术的基础之上，由安置于监测区域里大量廉价的具有感知能力、数据处理能力、计算能力和无线通信能力的低功耗的微型传感器节点，通过具体的无线传输协议，形成一个多跳的自组织网络，传输信息数据，达到帮助观察者收集和处理网络覆盖区域的对象的具体信息，执行某些具体的远程智能任务的目的，如可达到对环境可靠性检测以及设施装备故障诊断等目的。

WSN 的结构如图 1-1 所示，它可以应用到由地磁、热量、视觉、声音、雷达、红外、震动等多种不同类型传感器构成的网络节点上。它可以达到目标发现、连续检测、位置识别等目的，在很多领域中有很广泛的应用，如在商务领域的应用有车辆管理与防盗、仓库管理、办公室环境控制等[1~3]。

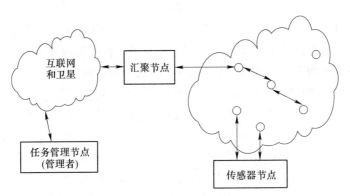

图 1-1　WSN 的结构

1.1.2　WSN 的发展过程

WSN 采用集成元件与无线通信结合的方式，同时得益于微机电技术体系的发展，在位传感器、执行器和处理器高度集成的基础上，使无线传感器网络节点朝着低功耗、微型化、平民化、高度集成等方向发展[4]。同样因为微机电技术的发展，多而密的网络节点分布成为 WSN 的特点之一，通过高密度的合理部署，获取同一监测点不同角度的采样数据，降低检测误差，提高精确度，通过大量冗余节点，提升节点的容错性和监测的可靠性，延长节点的工作寿命时间。WSN 的各节点之间的工作也就能有序、高效、长时间的开展[5]。

1.1.3 WSN 的特点

WSN 是大规模分布式网络，用于难以实现人工维护、条件极度恶劣的应用环境中，多数情况下无线传感器网络节点无法实现循环利用，所以无线传感器网络节点必须是成本较低的设备，以控制成本，同时也是能量受到极大限制的无线设备[6]，其特点主要有以下几点：

（1）能量受限。能量有限的特点对无线传感器网络节点能力与寿命有很大的限制，目前研究的无线传感器网络节点多数由普通电池提供能源，不具备补充电量的能力，仅仅能单次使用[7]。

（2）数据处理能力有限。无线传感器网络节点由于受体积成本以及能源等条件的限制，每个节点的 CPU 只具备 8bit 以及 4~8MHz 的数据处理能力。

（3）存储量有限。无线传感器网络节点的存储设施由 RAM、程序存储器与工作存储器三部分组成。RAM 是存放临时数据的存储器，其容量基本不会超过 2000 字节；程序存储器内存储节点的操作系统、节点内的程序以及网络的安全函数；工作存储器存储传感器收集到的所需信息，其容量一般仅有数十千字节。

（4）通信范围有限。无线传感器网络节点无线通信模块消耗功率 10~100mW，信号的有效距离基本控制在 100~1000m 之间[8]。

（5）易被篡改。无线传感器网络节点由于其价格低廉、结构不紧密并且非封闭的特点，使不法分子十分易于盗取和篡改无线传感器网络节点中的密钥以及程序代码等关键数据，对 WSN 的安全性产生较为致命的威胁。

WSN 的拓扑结构通常是未知的，即便在节点部署完成后，WSN 的拓扑结构也不是一成不变的[9]。而且节点在不同的时间也对网络的工作起着不同的作用，所以不同于常规无线网络，网络配置比较彻底，WSN 对节点仅仅进行较小程度上的预先配置，而一些重要的参数或者密钥，通常是在部署工作完成后，节点与节点之间协商形成，所以 WSN 较之普通常规无线网络易于受到物理操纵、数据窃取、攻击等多重安全性威胁[10]。WSN 的逻辑架构如图 1-2 所示。

1.1.4 WSN 的分类

目前的传感器网络，随着相关技术不断地发展，也在快速地向前发展。如今 WSN 不仅可用于监测陆上环境，还可用于对地下、水下环境的监测；不仅可处理基本数据，还可提供实时多媒体数据流传输服务[11]。

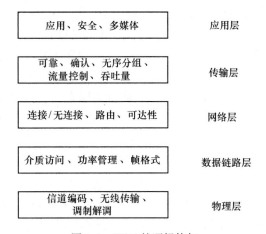

图 1-2 WSN 的逻辑构架

　　根据节点部署环境，WSN 可以分为陆上、地下和水下三种。根据节点的感应方式不同，可分为原位 WSN 和近视 WSN。根据应用目标不同，WSN 可分为微流量 WSN 和大流量 WSN。

1.2 国内外研究现状

1.2.1 矿井无线通信现状

　　最早在 20 世纪 20 年代，美国矿业部门开始对煤矿井下电磁信号的传输理论进行研究，随后在 1968 年，欧洲煤钢委员会（ESCS）、美国矿业局（USBM）开始支持矿井无线通信项目的研究。在随后的 40 年里，国内外专家进行了大量的理论研究和实验分析，例如一些国家在 20 世纪 60 年代开始进行电磁信号在受限空间内传输特性的研究[12]。美国的 Benjamin Akers 利用麦克斯韦方程和几何光学方法系统地分析了分段线性隧道中电磁场分布特性；Emslie 采用波导模式匹配方法分析了矩形波导有损介质的衰减损耗[13]。国内外也进行了许多关于矿井无线通信的研究，方向各不相同，其中得出的一些可行的理论研究成果已经得到了应用并进行了推广普及。现有的矿井无线通信系统有动力载波通信、感应通信、透地通信、漏泄通信、矿用小灵通通信。

1.2.2 WSN 在国内外的研究现状

　　随着科技的不断发展，无线通信技术应用越来越广，人们生活的周边电磁等环境不断地变差，使得 WSN 的信号传输受到很大的影响。因此怎样抑制干扰，抵抗衰落，提升信号传输质量成为 WSN 通信越来越重要的课题[14]。近些年，大量研究人员对 WSN 通信的抗衰落技术进行了广泛研究，对各种衰落信道进行了各种理论分析、模型以及仿真实验，包括 WSSUS、Rayleigh 信道模型等。文献

[15～18] 对多径衰落信道进行了各种各样的研究，对 Rice 信道、Rayleigh 信道和 Nakagami 信道等建立了数学模型，得出了不同的结论。

WSN 蕴含着非常大的价值[19]，为此，全球很多国家的军事、工业等部门以及学术界都对 WSN 给予了高度关注。

美国是最先研究 WSN 的国家。为了确保美国在这一高新技术领域的领先地位，美国国防部提出了 C41ISR 计划，之后在前者的基础上升级成 C4KISR 计划[20]。2001 年，美国投资约 7 亿美元研究 WSN，旨在获得战区"超视觉"数据[21]。早在 2003 年，美国能源部就曾投资 1000 多万美元资助了 3 个项目研究无线传感技术在提高工业效率和改善能源管理方面的应用[22]。英特尔公司（Intel）、国际商业机器公司（IBM）、微软公司（Microsoft）、西门子公司（Siemens）、摩托罗拉公司（Motorola）等工业信息界巨头也开始对传感器网络进行研究，并制订了相应的科研计划。

目前国外著名大学和研究机构都在研究 WSN 平台实现的技术。其中美国加州大学伯克利分校（UCB）研制出的传感器系统 Mica、Mica2、Mica2Dot 系列是应用最为广泛的 WSN 实验系统。此外，传感器操作系统 TinyOS 也是由 UCB 研发的。

WSN 领域的研究还吸引了诸如英国、法国、德国、意大利、日本等科技非常发达的国家。他们相继投入大笔科研资金，开展对该领域的相关研究。如欧盟的 EYES 计划和 SEWING 系统等。日本总务省也成立了"泛传感器网络"调查研究会[23]。

随着科技日益发展，WSN 也备受我国的关注和大力支持。国家"十五"规划将 WSN 列为重大科技攻关项目。《国家中长期科学和技术发展规划纲要（2006～2020 年）》[24] 为信息技术明确了三个前沿方向，其中两个与 WSN 的研究直接相关，即智能感知技术[25]和自组织网络技术[26]。2006 年我国的"863 计划"信息科学立项项目中更是有十多项与 WSN 密切相关。

我国许多高校和研究所都在研究 WSN，如沈阳自动化所、天津大学等。中兴、华为、海尔、联想等一批高新科技公司也加入 WSN 研究的行列。但总的来说，我国关于 WSN 的研究仍处于初期。

1.2.3 压缩感知的研究现状

近些年，随着 WSN 技术领域的拓展[27～30]，导致监测环境中多传感器采集的原始数据量剧增。而数据发送是产生 WSN 能耗的主要原因，再加上普通传感器节点的存储空间和数据处理能力有限，迫使我们必须减少网络中的传输数据。为了降低其能耗，延长网络寿命，优化网络的各项性能，必须对海量数据进行有效的融合。目前，数据融合技术致力于多传感器数据融合的研究，而研究内容中处理的数据量仍然很小。为了对传感节点采集的海量数据进行有效的融合，本书提出了对原始数据先进行有效压缩，提取重要数据信息，再利用提取的重要数据信息进行融合的思想。而目前压缩感知理论对采集数据的有效压缩已变成极为热门的研究方向，在众多应用领域中都引起了瞩目。2006 年由美国加州理工大学的 Emmanuel Candes[31]、加州大学洛杉矶分校的 Terence Tao[32]、斯坦福大学的 David Donoho[33]（美国科学院院士）以及莱斯大学的 Richard Baraniuk[34]等该领域的先驱者正式提出压缩感知理论后，迅速引起国内外相关领域研究者的高度重视。该理论给数据采集和压缩带来了一次全新的革命，其核心思想是压缩和采样同时进行，是一种前景很好的想法，其最大的优点就是可通过远低于 Nyquist 的采样频率进行数据采集，并且已被压缩的数据仍能够精确地恢复出原始信号。

1.2.4 国内外射频识别技术的研究现状

射频识别（radio frequency identification，RFID）技术最早应用于第二次世界大战期间，由于其造价成本昂贵，因此没有得到广泛的应用。自 20 世纪 40 ~ 50 年代雷达技术改进和应用促进 RFID 技术的出现，到 20 世纪 80 ~ 90 年代 RFID 技术开始进入商业应用阶段后，其技术的重要性才慢慢被更多的人认知，制定统一生产标准后，RFID 的各类产品的应用越来越广泛[35]。目前国际上对 RFID 生产追求标准化、丰富化、实用化。RFID 技术（特别是无源 RFID 技术）的全球应用正在迅速发展，其产品种类繁多，目前主要产业集中在应用技术发展比较成熟的欧美国家。

美国政府颁布的政策对 RFID 的推广有十分重要的作用，且其制定的 RFID 标准和相关技术的研发及应用均在全球有着重要影响，美国制定的 ISO/IEC 为目前国际上认可度较高的 RFID 标准；欧洲制定的 RFID 标准为 EPC Global；日本制定了本国 RFID 标准 UID，但由于其工作频段和信息位数、应用领域等各方面与欧美使用的标准有较大不同，导致 UID 在国际上很难推广；另外，还有 AIM Global（1999 年成立）和 IP-X（南美、澳大利亚、瑞士等国家的标准组织）实力相对较弱的标准组织；新加坡、韩国与中国情况类似，都在对发展射频识别技术及其应用加以重视，但是在均没有明确规定 RFID 标准[36]。英国、日本、欧美等发达国家掌握的 RFID 技术较为成熟，能生产出较高端、先进的 RFID 产品。美国规定 2005 年初起所有军需物资全面采用 RFID 标签[37]。2006 年美国食品及药物监督局（FDA）让制药商使用 RFID 技术跟踪药品防止假药混入。而在生产方面，美国集成电路厂商英特尔、德州等已融入巨资为 RFID 领域研究开发应用芯片，美国迅宝科技已研制出可同时阅读条形码和 RFID 的扫描器。国际商业机器公司 IBM、微软、惠普等公司正研发支持 RFID 应用软件系统。日本制造业方面很强，其政府一直对 RFID 技术给予较高的重视度，将 RFID 规划为一项关键的发展技术，并大力支持。2003 年 3 月，日本在东京大学设立 UID 泛在识别中心，主要应用于 13.56MHz 和 2.45GHz 频段的 RFID 技术标准。2004 年 7 月，日本将 RFID 技术应用在书籍、音乐、服装、电子消费、建筑、医疗、物流等七个产业领域上[37]。2005 年后，RFID 技术在日本已经有了很好推广及应用，提出了大量 RFID 技术的运用和问题解决方案，同时使用 RFID 技术解决了很多行业应用方面的难题，从日本在 RFID 应用的动态可以看出 RFID 技术融入各行业应用的产品的优越性。

1.3　WSN 的应用领域

WSN 因具有网络组织性强、网络节点分布集中、功耗低、集成度高、优异的性价比以及微智能化程度高等优点，且能无线连接，所以 WSN 的使用领域和前景非常广阔，大量被环境监测、农业、智能家居、数字化监控以及工业生产和军事等领域使用。特别是通信、节能和网络远程控制等方面的技术问题得到了比较深层次的解决，使其从实验室应用到实际生活中有了理论保障。

在环境监测方面，WSN 可以大面积、长距离地监控土壤、大气情况，可用于气象预测、地表气象预警等，还可以通过远程监测农作物、家禽生长情况，使得农业产业智能化，减少劳动力，提高产能。在生活方面，随着 WSN 在民众中的逐渐普及，高科技家电得到高速发展，通过对节点的合理嵌入，人们可以远程遥控家电，未来人类的生活将更加智能化和方便化。

WSN 最重要的工作就是采集信息，其根本结构是综合收集数据、传输数据、处理数据等功能为一体的自组织网络。矿井的工作环境比较特殊、复杂，必须在矿井灾难或者其他自然灾害发生的情况下，保障通信的畅通，因此，必须搭设独立的无线通信网络，摆脱对主干网通信的依赖。

作为空间上离散分布的大量传感器相互协作组成的传感器网络，WSN 通常用来监测不同地点的环境因素，如光、温度、湿度、压力、震动、加速度、化学成分含量等。WSN 的诞生起初是用于军队的应用，如战场监控与势态把握；但WSN 更大的应用领域与发展空间在于民用以及工业领域。

1.4　无线传感器网络中电磁干扰

所谓电磁干扰（electromagnetic interference，EMI）是指由电磁现象所引起的设备、传输通道或系统性能的下降。一般来说，井下现场中比较常见的干扰源主要有以下两种：

（1）在矿井下，因开采和地质等条件限制，环境比较特殊。就大多数情况来说，矿井下的开采通道都比较窄，且矿井下电力电气设备比较多，电力线缆线路多而杂，使得矿井下的电力电气机械的供电线路之间容易造成谐波干扰并且相互耦合，在电力电气机械设备的开停状态下，容易产生干扰信号超强的电磁干扰，影响无线传感器网络节点的正常工作，进而导致一系列的信号错报和误报的情况发生。

（2）变频电动机在钨矿井下应用十分广泛，钨矿井下这些电动机在正常运作或是启停瞬间都能产生相对无线传感器网络节点工作状态来说很强的电磁干扰，这些电磁干扰很大程度上容易影响钨矿井下无线传感器网络节点的工作效率。影响较小的情况下容易造成无线传感器网络节点错误传输信号；严重时，甚至会导致 WSN 系统瘫痪，无法发挥应有的作用，造成不可估计的矿灾。

在我国的矿厂和矿山开采中这两种问题经常出现，其中电力线缆线路相互耦合所产生的电磁干扰危害更大。根据杂志报道，江西某钨矿井下采用 WSN 系统进行井下安全监测，然而因为电磁干扰的原因，使得 WSN 系统出现严重的误报，在 30 余天的时间中，平均每日误报警高达 40 次，大大减弱了 WSN 系统的准确度，对矿井的稳定生产造成了极大的干扰。许多 WSN 系统都通过软件滤波消除干扰的办法，就是为了降低来自周围环境的电磁干扰。

1.5 研究的目的和意义

建立高产高效的矿产工业是能源发展的主流，我国矿产工业正走在集约化生产的道路上，在矿井这种特殊环境里，更加需要先进的科学技术来改造。在工作效率、安全生产、技术水平、管理及调度指挥等方面达到世界领先水平，矿井无线通信就是一个突破口。现有的矿井无线通信系统都存在缺陷，无法较好地适应矿产工业安全、生产、管理上的需要。为了满足我国经济快速增长对矿产资源的需求，为了实现矿产工业的高产高效，矿井无线通信技术必须进一步研究开发。在矿井下，电磁信号传输困难，传输距离短，且干扰多；同时由于井下巷道空间受限，粗糙、倾斜的巷道壁等都影响电磁信号的反射、散射、绕射，发送的信号会经过不同的传输路径到接收点，形成了井下的多径传输，产生多径衰弱。

中国矿产资源丰富，对国家经济发展和科研建设有着非比寻常的作用。相对于世界上其他矿产区地区，我国矿山地质结构比较复杂，以巷道采挖为主，而且容易受到自然灾害的危害，矿山事故多发。矿井下不可预料性状况很多，潜在安全问题比较多。WSN 处在最新技术前沿，科研成果处于发展阶段，由于 WSN 是由传感器节点组成，而传感器节点的能源是电池，电量有限，节点分布密集，检测环境范围广，因此电池更换不便，一旦能源耗尽，网络就不能进行数据采集，传输中断甚至网络运行失灵。因而能耗限制成为 WSN 普及的瓶颈。传感器技术的突飞猛进，应用需求日益增大，但在现有水平的基础上，电池容量难以大幅度地提升，设计新的协议和算法来减少网络的能耗就是当今 WSN 急需解决的问题。

通过节能机制尽量减少节点的能量消耗，可有效延长节点的工作时间和网络的整体寿命。总之，由于 WSN 是一门新兴技术，及时开展这项对人类未来生活影响深远的前沿科技的研究，对整个国家的社会、经济将有重大的战略意义。

参 考 文 献

［1］ Naznin M，Network S，et al. Wireless sensor network ［J］. Lap Lambert Academic Publishing，2009，28（4）：348 ~ 358.

［2］ 任丰原，黄海宁，林闯. WSN ［J］. 软件学报，2003，14（7）：1282 ~ 1291.

［3］ Akyildiz I E，Su W，Sankarasubramaniam Y，Cayirci E. Wierless sensor netwoks：A Survey ［J］. Computer Networks，2002，38（4）：393 ~ 422.

［4］ Akyildiz I F，Su W，et al. A survey on sensor networks ［J］. IEEE Communications Magazine，2002，40（8）：104 ~ 112.

［5］ Li M，Liu Y，Underground structure monitoring with wireless sensor networks ［C］. Proceedings of the IPSN，2007：69 ~ 78.

［6］ Akyildiz I F，Stuntebeck E P. Wireless underground sensor networks：Research challenges ［J］. Ad-Hoc Networks，2006，4（6）：669 ~ 686.

［7］ Akyildiz I F，Pompili D，Melodia T. Challenges for efficient communication in underwater acoustic sensor networks ［J］. ACM Sigbed Review，2004，1（2）：3 ~ 8.

［8］ Heidemann J，Li Y，Syed A，et al. Underwater sensor networking：Research challenges and potential applications ［R］. Technical Report ISI-TR，2005.

［9］ Niina Kotamäki，Sirpa Thessler，Jari Koskiaho，et al. Wireless in-situ sensor network for agriculture and water monitoring on a river basin scale in southern Finland：Evaluation from a data user's perspective ［J］. Sensors（Basel），2009，9（4）：2863 ~ 2888.

［10］ In-Situ Sensor Networks，http：//www. coa. edu/motes. html.

［11］ Hwang Joengmin，He Tian，Kim Yongdae. Exploring in-situ sensing irregularity in wireless sensor networks ［J］. IEEE Transactions on Parallel and Distributed Systems，2010，21（4）：547 ~ 556.

［12］ Benjiamin Akers. On the propagation of electromagnetic waves through piecewise linear tunnels ［D］. The Pennsylvania State University，2002.

［13］ Osama M. Abo seida. Propagation of electromagnetic waves in a rectangular tunnel ［J］. IEEE Applied Mathematics and Computation，2003：405 ~ 413.

［14］ 彭国祥，庄铭杰. 常见分集合并系统的性能分析 ［J］. 电视技术，2005，6：2 ~ 3.

［15］ Zheng Y R，Xiao C. Simulation models with morrect statistical properties for Rayleigh fading channels ［J］. IEEE Trans Commu，2003，51（6）：920 ~ 928.

［16］ 代发光，陈少平. 快变衰落信道的 Matlab 仿真及其应用 ［J］. 系统仿真学报，2005，17：214 ~ 216.

［17］Xiao C，Zheng Y R，Beaulieu N C. Novel sum-of-simusoids simulation models for Rayleigh and rician fading channels ［J］. IEEE Trans Wireless Commu，2006，5（12）：3667～3679.

［18］罗志年，张文军，管云峰. 不相关 Rayleigh 衰落信道仿真模型 ［J］. 系统仿真学报，2009，21（13）：3872～3875.

［19］彭玮. 网络安全技术与应用 ［J］. WSN 技术的研究，2014，7：45～46.

［20］刘兴堂. 现代导航、制导与测控技术 ［M］. 北京：科学出版社，2010：13～20.

［21］张郁. 美国海军计划建立大数据生态系统帮助作战 ［J］. 物联网技术，2014，4（8）：7.

［22］徐华结，郑磊，吴仲城. 基于嵌入式系统的智能传感节点设计与实现 ［J］. 微型机与应用，2014（7）：63～65.

［23］龚达宁. 泛在传感器网络的发展和分析 ［J］. 电信网技术，2009，7：10～14.

［24］国务院. 国家中长期科学和技术发展规划纲要 ［EB/OL］. http：//www. gov. cn/jrzg/.

［25］Akyildizi F，Su W L，Sank Arsubranmaniam Y，et al. Wireless sensor networks：A survey ［J］. Computer Networks，2002，38：393～422.

［26］刘晋. LTE 自组织网络技术及其应用 ［J］. 无线电通信技术，2014，6：89～92.

［27］刘云璐，柴乔林，赵晋. WSN 方向性分区路由算法 ［J］. 计算机应用，2006，26（1）：28～30.

［28］徐俭，翁德华，徐有聪. 浅谈无线传感器网络安全技术 ［J］. 有线电视技术，2015（1）：38～40.

［29］吴江，胡斌. 信息化与群体行为互动的多智能体模拟 ［J］. 系统工程学报，2009，2：218～225.

［30］崔莉，鞠海玲，苗勇，等. WSN 研究进展 ［J］. 计算机研究与发展，2005，42（1）：163～174.

［31］Emmanuel Candes. Compressive sampling ［C］//. International Congress of Mathematies. Madrid，Spain，2006，3：1433～1452.

［32］Emmanuel Candes，Justin Romberg，Terence Tao. Robust uncertainty principles：Exact signal reconstruction from highly incomplete frequency information ［J］. IEEE Trans on Information Theory，2006，52（2）：489～509.

［33］David Donoho. Compressed sensing ［J］. IEEE Trans on Information Theory，2006，52（4）：1289～1306.

［34］Richard Baraniuk. A lecture on compressive sensing ［J］. IEEE Signal Proeessing Magazine. 2007，24（4）：118～121.

［35］康东，石喜勤，等. 射频识别核心技术与典型应用开发案例 ［M］. 北京：人民邮电出版社，2008：57～58.

［36］Akyildiz I F，Su W，Cayirci E. A survey on sensor networks ［J］. Communications Magazine IEEE，2002，40（8）：102～114.

［37］赵克文. 电子标签安全性研究及其在物流中的应用 ［D］. 西安：西安电子科技大学，2006

2 WSN 井下电磁信号传输仿真研究

2.1 无线信道传输特性及建模方法

大尺度传输模型和小尺度传输模型是无线通信信号的两种类型。通常来说，大尺度传输模型描述的是接收机和发射机之间长距离的信号强度变化，而小尺度传输模型描述的是短时间或短距离接收信号强度的快速衰落变化。小尺度衰弱是由于一个信号在短时间内通过多条路径传输到接收机，互相干涉而引起的。通常来说大尺度衰弱和小尺度衰弱同时存在于一个信道中。

2.1.1 大尺度路径损耗模型及无线电磁信号的传输机制

大尺度衰弱描述的是移动台经过较远距离运动引起的平均接收率的衰减。大尺度路径损耗受地形特征的影响。无线通信系统中，电磁波传输的三种基本机制是反射、散射、绕射[1]。

2.1.2 小尺度衰弱模型

电磁波传输过程中会遇到大量的障碍物，这些都会引起电磁波的反射、散射、绕射等现象，所以无线信道是充满了反射、散射、绕射信号的传输环境，到达移动台的信号是经过不同路径的。由于传输路径不同，使信号到达接收点的相位和时间也不同。经过多径传输的信号相互叠加，它们随着相位的变化而变化，引起信号幅度发生变化，产生衰弱[2]。小尺度衰弱是由于多径效应产生的，所以也称为多径衰弱。一般从时域和空间两个方面描述多径衰弱。

在空间上，由于存在相对运动，使得接收信号幅度随距离变化。在时域方面，由于各信号传输路径不同，因此接收时间也不同。如图 2-1 所示。

多径传输路径通常可以分为视距与非视距两种。

2.1.2.1 多径衰弱的数学模型

分析信道对无线信号传输的影响对无线信号的传输非常重要。首先要在静态情况下，然后在多普勒频移的情况下分析信道对多径信号复包络的影响[3]。

（1）静态情况下。假定发送信号的复包络为：

$$S'(t) = \text{Re}\left[s(t)e^{\text{j}2\pi f_c t}\right] \tag{2-1}$$

式中，f_c 为信号的频率。

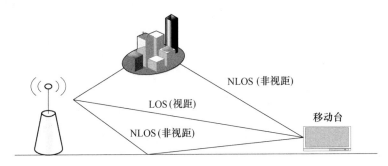

图 2-1 视距路径和非视距路径的示意图

由于是多径传输，设第 i 径信号的传输路径长度为 x_i，反射系数为 a_i，则接收到的信号为：

$$y'(t) = \sum_i a_i s\left(t - \frac{x_i}{c}\right) = \sum_i a_i \mathrm{Re}\left\{ s\left(t - \frac{x_i}{c}\right)\exp\left[j2\pi f_c\left(t - \frac{x_i}{c}\right)\right]\right\}$$

$$= \mathrm{Re}\left\{ \sum_i a_i s\left(t - \frac{x_i}{c}\right)\exp\left[j2\pi\left(f_c t - \frac{x_i}{c}\right)\right]\right\} \tag{2-2}$$

式中，c 为光速；λ 为波长，$\lambda = c/f_c$。

公因子 $\exp(j2\pi f_c t)$ 被提出，则接收信号的复包络为：

$$y'(t) = \mathrm{Re}\left[y(t)\mathrm{e}^{j2\pi f_c t}\right] \tag{2-3}$$

接收信号的复包络是经过各个传输路径到达的不同衰减、时延、相移信号的总和。

$$y(t) = \sum_i a_i \mathrm{e}^{-j2\pi\frac{x_i}{\lambda}} s\left(t - \frac{x_i}{c}\right) = a_i \mathrm{e}^{-j2\pi f_c \tau_i} s(t - \tau_i) \tag{2-4}$$

式中，τ_i 为时延，$\tau_i = x_i/c$。

式（2-4）中的 $y(t)$ 就是我们需要的信号的复包络模型。

信号在传输中，视距路径最先到达接收点。经过视距路径传输的信号是多径信号中最强的信号，但不一定比信号总和强。

（2）多普勒频移。如图 2-2 所示移动台以速度 v 移动时，分别在 X 点、Y 点接收到来自信号源发出的信号，X、Y 之间的距离为 L。则信号传输的路径差 $\Delta x_i = L\cos\theta_i = v\Delta t\cos\theta_i$，$\Delta t$ 为移动台移动的时间，θ_i 是 X 点、Y 点入射信号与移动台移动方向夹角。所以相位差为：

$$\Delta\varphi = \frac{2\pi\Delta x_i}{\lambda} = \frac{2\pi v\Delta t}{\lambda}\cos\theta_i \tag{2-5}$$

式中，λ 为电磁波的波长。

由此计算出由路程差引起的频率的变化值，也就是多普勒频移 f_d 为：

$$f_d = \frac{1}{2\pi}\frac{\Delta\varphi}{\Delta t} = \frac{v}{\lambda}\cos\theta_i \tag{2-6}$$

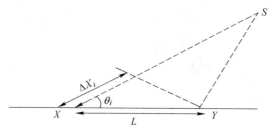

图 2-2　多普勒频移示意图

式中，v/λ 和入射角无关，是多普勒频移的最大值，即最大多普勒频移 $f_m = v/\lambda$。

由此可知，多普勒频移与电磁波的入射角及移动速度和方向有关。当朝入射波方向移动时，多普勒频移是正；反之则为负。信号的传输方向不同，它的多径分量会引起多普勒扩散[4]。

（3）动态情况下信道对多径信号的复包络产生的影响。考虑到移动台的运动，周围的复杂环境，这些都会影响多径信号的传输路径的距离[5]。

设 θ_i 为移动台的运动方向与第 i 条传输路径到达方向之间的夹角，其传输路径距离长度的变化量为：

$$\Delta x_i = -v\Delta t\cos\theta_i \tag{2-7}$$

移动台的移动会影响各条传输路径的传输频率，其变化量的大小由 θ_i 决定，由此，可以得到这时的通信信道所输出的多径信号的复包络为：

$$y(t) = \sum_i a_i e^{-j2\pi\frac{x_i+\Delta x_i}{\lambda}} s\left(t - \frac{x_i + \Delta x_i}{c}\right)$$

$$= \sum_i a_i e^{-j2\pi\frac{x_i}{\lambda}} e^{j2\pi\frac{v}{\lambda}t\cos\theta_i} s\left(t - \frac{x_i}{c} + \frac{v\Delta t\cos\theta_i}{c}\right) \tag{2-8}$$

式（2-8）中信号时延变化量 $\dfrac{v\Delta t\cos\theta_i}{c}$ 比 $s(t)$ 小很多，为了简化式（2-8），可以忽略信号时延变化量 $\dfrac{v\Delta t\cos\theta_i}{c}$，所以式（2-8）化简为：

$$y(t) = \sum_i a_i e^{j2\pi\frac{v}{\lambda}t\cos\theta_i} e^{-j2\pi\frac{x_i}{\lambda}} s\left(t - \frac{x_i}{c}\right)$$

$$= \sum_i a_i e^{j2\pi(f_m t\cos\theta_i - f_c\tau_i)} s(t - \tau_i) \tag{2-9}$$

式中，f_m 是最大多普勒频移，$f_m = \dfrac{v}{\lambda}$。

动态情况下，信道特性随着移动台的移动而发生改变，这样产生的多普勒频移和信号相位具有随机特性，导致接收信号也具有随机性，此时的信道为时变系统。

2.1.2.2 小尺度衰弱特性参数

无线通信信道中的多径效应、散射环境及移动台位置的改变，导致无线通信信道发生时间色散以及频率色散，信号经过无线通信信道时发生时间选择性衰弱和频率选择性衰弱[5]。

A 时间色散参数

（1）时延扩展。信号在无线通信多径信道中传输时，由于移动台的移动和传输路径不同，传输的时延也会不同，从而产生时延扩展。通常用平均附加时延 $\bar{\tau}$ 和 RMS 时延扩展 σ_t 来描述时延扩展。

平均附加时延为功率延迟分布的一阶矩：

$$\bar{\tau} = \frac{\sum_k a_k^2 \tau_k}{\sum_k a_k^2} = \frac{\sum_k P(\tau_k)\tau_k}{\sum_k P(\tau_k)} \tag{2-10}$$

式中，$P(\tau_k)$ 为时延 τ_k 的多径信号衰弱的相对功率；a_k 为第 k 条路径上的信号衰减因子。

RMS 时延扩展 σ_t 与功率延迟分布二阶矩的关系是：

$$\sigma_\tau = \sqrt{E(\tau^2) - (\bar{\tau})^2} \tag{2-11}$$

其中

$$E(\tau^2) = \frac{\sum_k a_k^2 \tau_k^2}{\sum_k a_k^2} = \frac{\sum_k P(\tau_k)\tau_k^2}{\sum_k P(\tau_k)} \tag{2-12}$$

功率延迟分布（PDP）服从指数分布，即：

$$P(\tau) = \frac{1}{T}e^{-\frac{\tau}{T}} \tag{2-13}$$

式中，T 为常数，为多径时延的平均值。

（2）相干带宽。如果信号包络的相干度是某个常数的带宽，即为相干带宽，当两个频率分量的间隔比相干带宽小，那么这两个频率分量的相关性很强，反之则相关性很弱。相关带宽是一个确定值，由 RMS 时延扩展得到。

当功率时延服从指数分布时，可以得到频率间隔为 Δf，空间间隔 $\Delta z = 0$，时间间隔 Δt 信号包络的相关函数为：

$$\rho(\Delta f, \Delta t, 0) = \frac{J_0^2(2\pi f_m \Delta t)}{1 + (2\pi \Delta f)^2 \sigma_\tau t^2} \tag{2-14}$$

式中，J_0 为第一类零阶贝塞尔函数；f_m 为最大多普勒频移；σ_τ 为 RMS 时延扩展。

当 $\Delta t = 0$ 时，两个信号的频率差的相关函数有：

$$\rho(\Delta f, 0, 0) = \frac{1}{1 + (2\pi \Delta f)^2 \sigma_\tau t^2} \tag{2-15}$$

B　频率色散参数

由于时延扩展、相干带宽都没有描述通信信道的时变性，通常利用多普勒扩展和相干时间来描述通信信道的时变性与频率色散。

（1）多普勒扩展。多普勒频移和多普勒扩展都是由于接收机和发射机之间的相对运动而产生的，平均多普勒频移 $\overline{B}$ 是多普勒密度 $S(f)$ 的均值：

$$\overline{B} = \frac{\int_{-\infty}^{\infty} fS(f)\,\mathrm{d}f}{\int_{-\infty}^{\infty} S(f)\,\mathrm{d}f} \tag{2-16}$$

多普勒扩展 B_{D} 和多普勒密度 $S(f)$ 的关系为：

$$B_{\mathrm{D}} = \sqrt{\frac{\int_{-\infty}^{\infty} (f - \overline{B})^2 S(f)\,\mathrm{d}f}{\int_{-\infty}^{\infty} S(f)\,\mathrm{d}f}} \tag{2-17}$$

即 B_{D} 是 $S(f)$ 的标准差。

（2）相干时间。相干时间是用来描述通信信道的冲击响应保持一定的相干度的时间间隔。当信号带宽的倒数比相干时间大时，信号衰减的相干性强，信号传输会受衰弱影响而发生改变，导致接收机解码失真。

当式（2-15）中 $\Delta f = 0$ 时，通信信道的相干时间可以用来描述发生明显衰弱的持续时间，即：

$$\rho(0, \Delta t, 0) = J_0^2(2\pi f_{\mathrm{m}} \Delta t) \tag{2-18}$$

2.2　井下矩形直巷道中电磁信号路径传输损耗模型及仿真

2.2.1　频段的选择与确定

矿井巷道内空间狭小、墙壁粗糙、空气潮湿，巷道内有拐角以及各种岔道等，环境非常复杂，通信环境非常恶劣，在研究 WSN 井下电磁信号传输仿真的时候，首先要确定通信的频段。井下巷道是非自由受限空间，可把巷道看做波导，所以巷道存在一个截止频率，当电磁信号的传输频率大于截止频率时，电磁信号能传输较长的距离，这是因为巷道对电磁波形成了有效的波导。不仅如此，此时的电磁信号传输还有许多优点，如通信稳定、信噪比高、信息传输速率快、信道容量大、通信设备较小、方便组网等。经前人的研究分析，电磁干扰在 300MHz 以上的时候相对较小，所以，矿井无线通信系统的工作频率较高时，电磁干扰的影响会显著减小[5]。研究还表明，电磁信号传输频率越高，设备的最大允许发射功率也越大，工作频率在 450MHz 以下时，设备的最大允许发射功率较小[6]。

综上所述，矿井巷道的无线通信系统工作频率应为 UHF （ultra high frequency，300～3000MHz）频段。UHF 频段是目前无线通信的主要频段，除了具有高频段的优点和克服了低频段的缺点外，与其他频段相比，UHF 频段的电磁信号的传输损耗较小、传输距离远。

2.2.2 矩形直巷道中电磁信号的传输损耗

当频率为 200～4000MHz 的电磁波在井下传输时，巷道壁可视为低损耗介质，本章选取的 UHF 频段介于 200～4000MHz 之间，所以可以把井下巷道壁看成低损耗介质，同时矿井巷道是非自由受限空间，电磁波的波长远小于隧道的截面尺寸，因此可以把井下的矩形巷道近似地比作矩形空心波导来展开讨论[7]。

设巷道的高 $H = 4m$，宽 $L = 5m$，长 $M = 2.5m$，ε_1 为左右两壁和顶壁的介电常数，ε_2 为底部的介电常数，巷道内为空气，参数为 $\varepsilon_0\mu_0$。井下矩形巷道的电场可用沿 X 轴方向水平极化和 Y 轴方向垂直极化来表示，根据麦克斯韦方程（Maxwell）和亥姆霍兹（Helmholzt）波动方程及相关边界条件，有：

$$
\begin{cases}
E_x = E_0\cos N_{x1}x\cos N_{y1}ye^{-jN_{z1}z} \\
E_y = 0 \\
E_z = \dfrac{jN_{x1}}{N_{z1}}E_0\sin N_{x1}x\cos N_{y1}ye^{-jN_{z1}z} \\
H_x = \dfrac{N_{x1}N_{y1}}{\omega\mu_0 N_{z1}}E_0\sin N_{x1}x\sin N_{y1}ye^{-jN_{z1}z} \\
H_y = \dfrac{N_{x1}^2 + N_{y1}^2}{\omega\mu_0 N_{z1}}E_0\cos N_{x1}x\cos N_{y1}ye^{-jN_{z1}z} \\
H_z = \dfrac{jN_{y1}}{\omega\mu_0}E_0\cos N_{x1}x\sin N_{y1}ye^{-jN_{z1}z}
\end{cases}
\tag{2-19}
$$

即矩形巷道内水平极化的场分量，式（2-19）中 N_{x1}，N_{y1}，N_{z1} 为 x，y，z 方向上的波数，满足：

$$
N_{x1}^2 + N_{y1}^2 + N_{z1}^2 = k_0^2 = \frac{4\pi^2}{\lambda^2}
\tag{2-20}
$$

式中，λ 为电磁波波长；k_0 为电磁波在自由空间里的传输常数。

由于 UHF 频段的电磁波波长在 0.1～1m 之间，远小于巷道尺寸，且主要沿巷道传输，因此 N_{z1} 大于 N_{x1}、N_{y1}，N_{z1} 约等于 k_0[8]。

除此之外，分析巷道中电磁信号传输损耗时，考虑巷道壁电导率 σ，则有：

$$
\varepsilon_r = \varepsilon_0\left(k_r + \frac{\sigma}{j\omega\varepsilon_0}\right)
\tag{2-21}
$$

式中，k_r 为相对介电常数。

因为空气介电常数 $\varepsilon_0 = 8.85 \times 10^{-12}\,\text{F/m}$，取 $\sigma = 10^{-2}\,\text{S/m}$，$\sigma/(\varepsilon_0\omega) = 0.2$ 远小于 k_r。所以分析时，可以忽略巷道壁低电导率引起的损耗，即 $\varepsilon_r \approx \varepsilon_0 k_r$。

2.2.2.1 介电常数和电导率对矩形巷道中电磁信号的影响

根据资料，电导率一般为 $10^{-3} \sim 10^{-2}\,\text{S/m}$ 之间，k_r 一般在 40 以内，设 $k_r = 10$，$f = 800\text{MHz}$，$\sigma = 10^{-2}\,\text{S/m}$，由 HFSS 软件仿真，如图 2-3 所示。

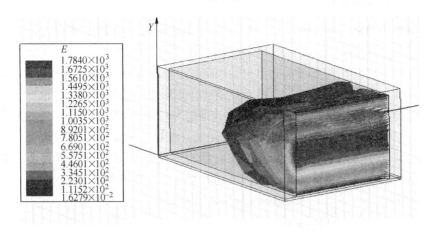

图 2-3　HFSS 矩形直巷道系列 1 仿真图

频率和电导率不变，介电常数 $k_r = 20$ 时，仿真结果如图 2-4 所示。

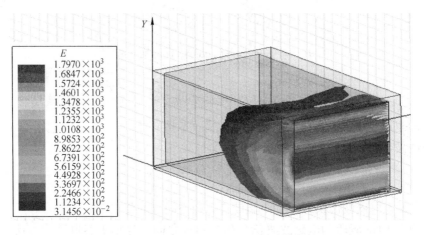

图 2-4　HFSS 矩形直巷道系列 2 仿真图

频率不变，介电常数 $k_r = 10$，电导率 $\sigma = 10^{-3}\,\text{S/m}$ 时，仿真结果如图 2-5 所示。

频率不变，介电常数 $k_r = 20$，电导率 $\sigma = 10^{-3}\,\text{S/m}$ 时，仿真结果如图 2-6 所示。

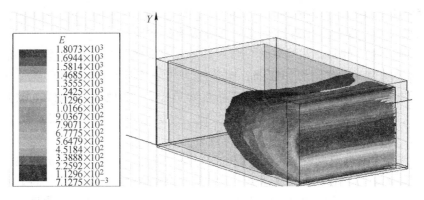

图 2-5 HFSS 矩形直巷道系列 3 仿真图

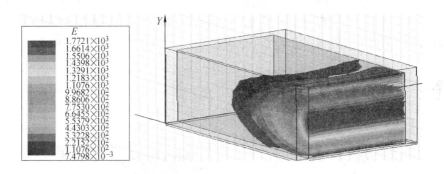

图 2-6 HFSS 矩形直巷道系列 4 仿真图

为了便于观察及分析比较，画出它们的坐标图，如图 2-7 所示。

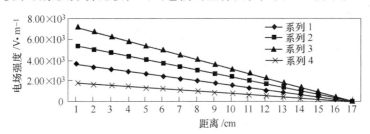

图 2-7 矩形巷道系列 1～4 的数量关系图

由图 2-7 可以看出，系列 3 的斜率最大，系列 4 的斜率最小。系列 1 和系列 3 对比，可得电导率越小，斜率越大，传输损耗也越大。系列 1 和系列 2 对比，可得介电常数越大，斜率越大，传输损耗也越大。这也印证了介电常数越大越绝缘。系列 1 和系列 4 对比可得，矩形巷道中，电导率的影响大于介电常数的影响[9]。

为了后面的研究，选取系列 4 的各项数值，因为系列 4 的损耗小，即频率

$f = 800\text{MHz}$，介电常数 $k_r = 20$，电导率 $\sigma = 10^{-3}\text{S/m}$。

2.2.2.2　频率对矩形直巷道中电磁信号的影响

由于电磁波的频率与波长成反比，频率越高波长越短，绕射能力（衍射效果）也会随着频率的增大而减弱，穿透能力会随着频率的增加而增强[10]。高频信号本身携带的能量很高，具有很强的穿透能力，例如，当天线电磁波频率很高时，电磁波在电离层不会反射回来，而是直接穿透电离层，被电离层吸收。

通常频率越高衰减就越大。一般说来，频率越低，则可以传输的距离会更远一些。由于频率越低，波长就越长，其绕射能力也越强，因此传输距离更远[11]。

矿井巷道是一个非常复杂的环境，很多适合地表的电磁波传输原理在矿井中却不适用，为了证实频率越高传播距离越远[12]，利用 HFSS 软件做了如下仿真。改变频率 f，让其取值分别为 800MHz、900MHz、1000MHz、1100MHz、2000MHz，得到仿真结果图 2-8（介电常数 $k_r = 20$，电导率 $\sigma = 10^{-3}\text{S/m}$）。

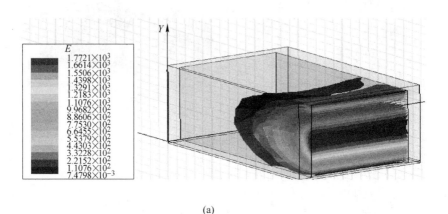

(a)

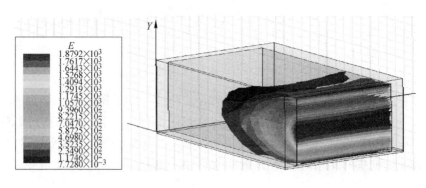

(b)

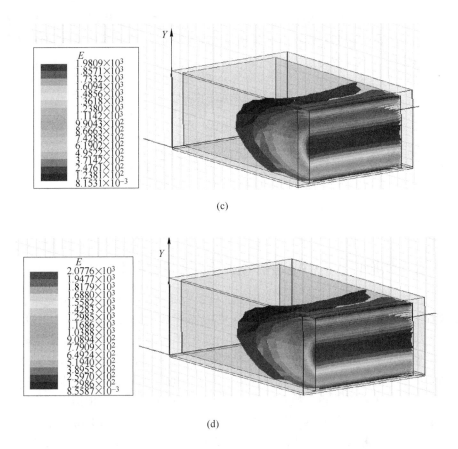

(c)

(d)

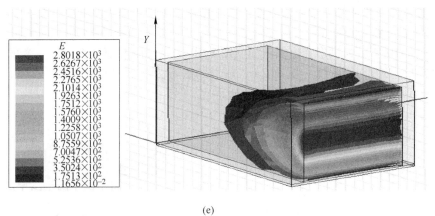

(e)

图 2-8 矩形直巷道仿真图像

（a）800MHz（系列1）；（b）900MHz（系列2）；（c）1000MHz（系列3）；

（d）1100MHz（系列4）；（e）2000MHz（系列5）

为了便于分析，利用坐标图表的方式对图2-8中五组数据进行转换，如图2-9所示。由图2-9可以得出，频率越高，斜率越高，传输损耗越大，所以在矩形直巷道中频率不应取得过大。

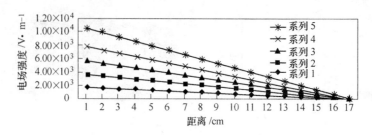

图2-9 五组数据坐标图

2.3 井下拱形直巷道中电磁信号路径传输损耗模型及仿真

建立矿井巷道需要满足开采、运输、排水、通风、行人等多方面要求，矿井巷道有多种横截面可供选择。一般巷道横截面形状的选择主要考虑岩石层的特性、支撑防护方式、巷道稳定性、用途和使用年限等。现在井下巷道主要为拱形、梯形和矩形。拱形巷道已广泛应用在火车、公路、地铁等方面，矿井中也会用到，拱形巷道采用拱形顶，充分利用周围岩石的自身承载能力，大大增强了防震能力。相比于矩形巷道，拱形巷道可最大限度地保证初期支护结构，充分利用施工面的时空效应，限制隧道周围岩石的变形，有效限制岩石的应力重分布，保证围岩不会进入松动状态。拱形巷道一方面优化了初支的结构，大大降低了成本，有效地增加了作业空间，方便机械化作业，另一方面使承载压力加大，提高了施工安全性。

图2-10所示为拱形巷道横截面。图2-10中拱形由两部分组成：一个扇形和一个矩形。矩形长为7m，宽为2m，扇形的圆心为坐标原点，半径为2.5m，总高为3m。拱形巷道的模型如图2-11所示。

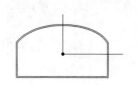

图2-10 拱形巷道横截面图

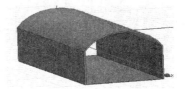

图2-11 拱形直巷道

2.3.1 介电常数和电导率对拱形巷道中电磁信号的影响

根据资料可得，电导率一般为$10^{-3} \sim 10^{-2}$S/m之间，k_r一般在40以内，设

$k_r = 10$，$f = 800\text{MHz}$，$\sigma = 10^{-2}\text{S/m}$，由 HFSS 软件仿真如图 2-12 所示。

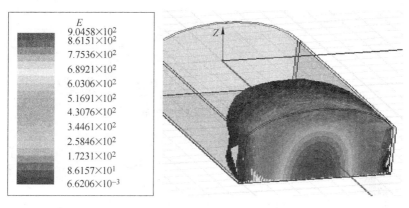

图 2-12　HFSS 拱形直巷道仿真图

由图 2-12 中可以看出，中间部分及中间下方部分的信号强度最大，向周围递减，下方部分的递减速度明显比上方部分慢。所以在拱形直巷道中，电磁信号主要集中在中间部分，靠近巷道壁的地方电磁信号较弱。

为了分析介电常数和电导率对拱形直巷道电磁信号传输的影响，同样采用了控制变量法来帮助研究分析。为了能和矩形直巷道做比较，也同样设定 $f = 800\text{MHz}$ 不变，介电常数 k_r 为 10 或 20，电导率 σ 为 10^{-3}S/m 或 10^{-2}S/m。保持频率和电导率不变，介电常数 k_r 为 10 和 20 时，仿真结果如图 2-13 所示。

由图 2-13（c）可看出，系列 4 的斜率最大，系列 1 的斜率最小。系列 1 和系列 3 对比，可得电导率越小，斜率越大，传输损耗也越大。系列 1 和系列 2 对比，可得介电常数越大，斜率越大，传输损耗也越大。介电常数越大越绝缘。系列 1 和系列 4 对比可得，拱形巷道中，电导率的影响小于介电常数的影响。

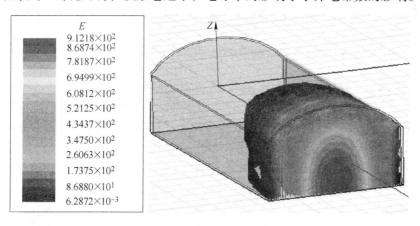

(a)

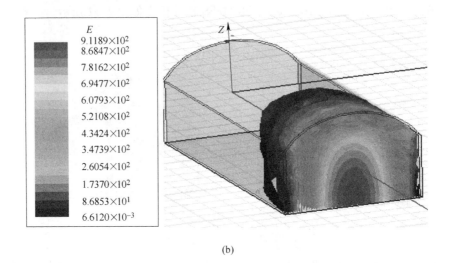

(b)

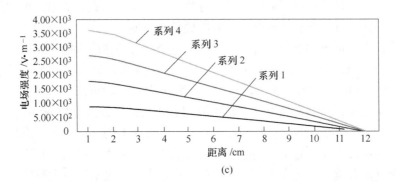

(c)

图 2-13　频率不变，电导率 $\sigma = 10^{-3}\mathrm{S/m}$ 时，HFSS 拱形直巷道仿真图

（a）介电常数 $k_r = 10$；（b）介电常数 $k_r = 20$；（c）拱形巷道系列 1、2、3、4 数量关系图

2.3.2　对比分析频率对拱形直巷道中电磁信号的影响

同样试着改变频率 f，让其取值分别为 800MHz、900MHz、1000MHz、1100MHz、2000MHz，为了能和矩形直巷道作对比，选取系列 4 中的介电常数及电导率，尽管在拱形巷道中，系列 4 的损耗更大。HFSS 软件得出了仿真结果图 2-14（介电常数 $k_r = 20$，电导率 $\sigma = 10^{-3}\mathrm{S/m}$）。

由图 2-14（e）可以看出，在拱形直巷道中，频率的高低对电磁波传输损耗的影响比矩形直巷道小得多，充分体现了拱形巷道的优势。

由仿真图还可以看出，矩形巷道无线电磁波信号主要集中在中部，下部和上部的信号强度都非常弱，而拱形巷道的无线电磁波信号主要集中在中下部，矿产企业可以根据需要改变巷道横截面的形状[13]。

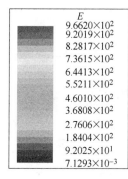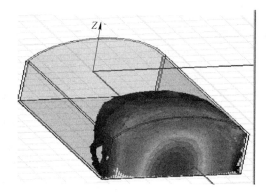

(a)

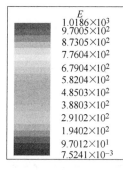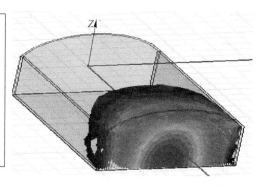

(b)

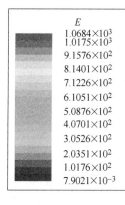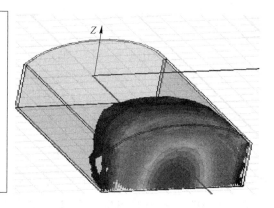

(c)

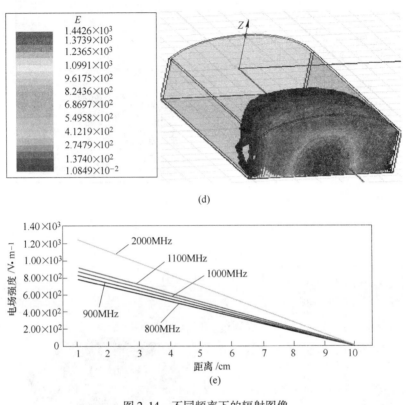

图 2-14　不同频率下的辐射图像

（a）900MHz；（b）1000MHz；（c）1100MHz；（d）2000MHz；（e）五组数据的数量关系图

2.4　井下梯形直巷道中电磁信号路径传输损耗模型及仿真

矿产工厂的巷道不仅有矩形巷道、拱形巷道，还常常使用梯形巷道，与横截面利用率相关。矩形的横截面利用率高，但承载能力小，适用于年限短的巷道；拱形的承载能力最高，使用年限最长，但是由于它横截面利用率较小，因此有时也会利用其他一些方案；梯形的横截面利用率较高，承载能力相对于矩形来说也算较高，使用年限不长。梯形巷道常常用于年限不长、横截面较小、周围环境稳定的巷道中。

2.4.1　电导率及介电常数对梯形巷道的影响

根据资料可得，电导率一般为 $10^{-3} \sim 10^{-2}\,\mathrm{S/m}$ 之间，k_r 一般在 40 以内，设 $k_r = 10$，$f = 800\mathrm{MHz}$，$\sigma = 10^{-2}\,\mathrm{S/m}$，由 HFSS 软件仿真如图 2-15 所示（系列 1）。

梯形巷道和拱形巷道所得的仿真图有些相似，中下部信号较强，而矩形巷道中是中部信号较强。由图 2-15 可以看出，中间部分及中间下方部分的信号强度

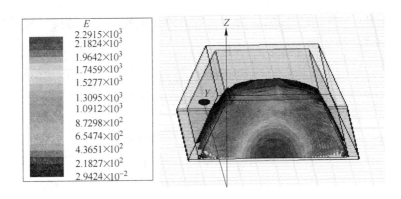

图 2-15　HFSS 梯形直巷道仿真图

最大，向周围递减，下方部分的递减速度明显比上方部分慢。和拱形直巷道相似，在梯形直巷道中，电磁信号主要也集中在中间部分，靠近巷道壁的地方电磁信号较弱。

　　研究电导率和介电常数对 800MHz 在梯形直巷道中的影响，设定 $f = 800\text{MHz}$ 不变，介电常数 k_r 为 10 或 20，电导率 σ 为 10^{-3}S/m 或 10^{-2}S/m，按系列 1（$\sigma = 10^{-2}\text{S/m}$，$k_r = 10$）、系列 2（$\sigma = 10^{-2}\text{S/m}$，$k_r = 20$）、系列 3（$\sigma = 10^{-3}\text{S/m}$，$k_r = 10$）、系列 4（$\sigma = 10^{-3}\text{S/m}$，$k_r = 20$）来设定，以便分析比较。由图 2-16 可以得出，系列 1 与系列 2 相比，频率和电导率不变，介电常数分别为 10 和 20，可得到介电常数越大，梯形巷道中无线电磁波的传输损耗也更大。系列 1 和系列 3 相比，频率和介电常数不变，电导率越大，梯形巷道中电磁波传输损耗越低。和矩形巷道不同的，系列 4 的损耗不是最大的，反而和拱形巷道一样，系列 4 的斜率最低，传输损耗最低[14]。

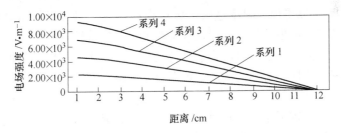

图 2-16　800MHz 仿真结果数量关系图

2.4.2　对比分析频率对梯形直巷道中电磁信号的影响

　　为了与矩形直巷道和拱形直巷道对比，同样选择了频率为 800MHz、900MHz、1000MHz、1100MHz、2000MHz 的无线电磁波，选择系列 4 中的电导率和介电常数，即在介电常数 $k_r = 20$，电导率 $\sigma = 10^{-3}\text{S/m}$ 的梯形直巷道中仿真。

为了便于分析，也利用坐标图表的方式对上面五组数据进行转换，利用 EXCEL 表格制表功能可得到图 2-17。

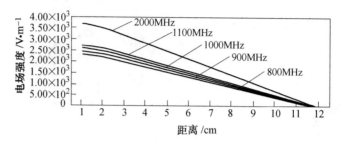

图 2-17   五组频率在梯形直巷道中数量关系图

由图 2-17 可以得出，频率越高，斜率越大，传输损耗也越大。为了分析比较拱形直巷道和梯形直巷道的传输损耗的大小，把两组数据合并起来，得到图 2-18。与图 2-18 拱形中相关数据相比较。在频率为 800MHz 时，梯形直巷道中的数值是 2.3255×10^3，拱形直巷道中的数值是 9.1189×10^2，这说明相同条件下，梯形直巷道中的信号强度比拱形直巷道中的信号强度高[15]。

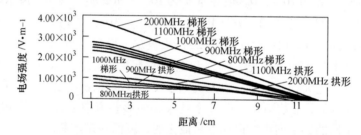

图 2-18   拱形直巷道和梯形直巷道中各频率仿真数值图

由图 2-18 可以得出，斜率越大，传输损耗越大。即在相同频率的无线电磁信号下，拱形直巷道中的传输损耗比梯形直巷道中的传输损耗小，但是拱形直巷道中的初始信号强度的数值也比梯形直巷道中的小得多。由密集程度看，拱形直巷道数值的密度比梯形直巷道的高，说明频率对拱形直巷道的影响比对梯形直巷道的影响小。

本章前文还比较了矩形直巷道与拱形直巷道，充分说明了拱形直巷道中的传输损耗最小，且频率对传输损耗的影响较小，便于调频。由于低频率干扰多，高频段损耗大，所以拱形直巷道是非常适合作为矿井无线通信的通道的[16]。

参 考 文 献

[1] Schauback K R, David N S, Rappaport T S. A ray tracing method for predicting path loss and

delay spread inmicro-cellular environments ［C］//. Proc. of the IEEE International Conference on Vehicular Techn. 1992, 1: 937～950.

［2］ Hashemi H, Tholl D. Statisticalmodeling and simulation of the RMS delay spread of indoor radio propagation channels ［J］. IEEE Network Magazine, 1994, 43 (1): 110～119.

［3］ 林为干, 傅果行, 邬琳若, 等. 电磁理论 ［M］. 西安: 西安交通大学出版社, 2000: 120～125.

［4］ 保罗·德隆涅. 漏泄馈线和地下无线电通信 ［M］. 王椿年, 高怀珍, 戴耀申, 等译. 北京: 人民邮电出版社, 1988, 1: 4～16.

［5］ 石庆东. 矿井无线传输特性研究 ［D］. 北京: 中国矿业大学, 2000.

［6］ 毕德显. 电磁理论 ［M］. 北京: 电子工业出版社, 1985: 450～500.

［7］ Marcatili E A J, Schmeltzer R A. Hollow metallic and dielectric wave guides for long distance optical transmission and lasers ［J］. Bell Syst. , 1964, 12: 1780～1806.

［8］ 徐永斌, 何国瑜, 卢才成, 等. 工程电磁场基础 ［M］. 北京: 北京航空航天大学出版社, 1992: 360～386.

［9］ 沈熙宁. 电磁场与电磁波 ［M］. 北京: 科学出版社, 2006: 114～166.

［10］ 张小红, 易称福, 陈宇环, 等. 基于 Rayleigh 信道模型下的性能分析与仿真 ［J］. 江西理工大学学报, 2006, 27 (1): 23～26.

［11］ 王鹏, 陈吉余, 李栋. 无线信道特性及仿真 ［J］. 中国传媒大学学报 (自然科学版), 2006, 13 (2): 11～15.

［12］ 胡健栋. 现代无线通信技术 ［M］. 北京: 机械工业出版社, 2003: 34～39.

［13］ Parsons D. The Mobile Radio Propagation Channel ［M］. New York: Wiley, 1992.

［14］ 孙继平, 魏占勇. 矿井隧道中电磁能量的损耗 ［J］. 中国矿业大学学报, 2002, 36 (6): 570～583.

［15］ 李展. 煤矿通信系统中的建模仿真研究 ［J］. 煤炭技术, 2010, 29 (5): 176～180.

［16］ 杨卫华. 无线设备在矿井中使用时的功率限制研究 ［J］. 无线工程, 2008, 38 (1): 45～74.

基于分集—合并融合技术的 WSN 抗干扰技术研究

3.1 多径衰落与分集技术的研究

3.1.1 多径衰落

3.1.1.1 多径衰落信道概述

多径衰落由四种组成：慢衰落（slow fading）和快衰落（fast fading），频率选择性衰落和非频率性（平坦）衰落[1]。平坦衰落下，多径不造成符号之间互相妨碍，频率响应在所用的频段之内是平坦的；相反，频率选择性衰落中，各路信号的叠加会造成符号之间的相互妨碍，该种频率响应在所用的频段内不是平坦的。慢衰落和快衰落表示的意思是信号变化速度的快慢。简而言之，在同一时刻内发生微弱反应的被看做是慢衰落；反之，在这一时刻内反应迅速的称为快衰落。表 3-1 列出多径衰落的特征和类别。其中 B_w、T_b 分别表示传输的信号带宽和码元周期，B_c、T_o 分别表示信道的相干带宽和时间。

表 3-1　多径衰落的特性以及分类

信号模型	$T_b < T_o$（慢衰落信道）	$T_b < T_o$（快衰落信道）
$B_w < B_c$（频率非选择性信道）	非色散 平坦—平坦衰落	时间色散 频率—平坦衰落
$B_w > B_c$（选择性信道）	频率色散 时间—平坦衰落	多普勒（时间和频率）色散

多径快衰落表示的是微观（即相当于毫秒这么短的时间之内）迅速变换。在 WSN 的通信之中，多径衰减对于解调信号精确度来说作用最为明显。WSN 的通信之中多径快衰落具有如下的分布特性，假设发射信号为一种单一的频率的信号 $A\cos w_c t$，很有可能存在着的直射波与经过多个路径传播反射波所到达接收点时而形成合成信号：

$$R(t) = \sum_{i=1}^{N} R_i(t) \cos\{w_c[t - t_i(t)]\} = \sum_{i=1}^{N} R_i(t) \cos\{[w_c t + \varphi_i(t)]\} \quad (3-1)$$

式中，$R_i(t)$ 为第 i 条路径接收信号幅度；$t_i(t)$ 为第 i 条路径传输时间；$\varphi_i(t) = c(t) \times t_i(t)$。

然而事实上，$R_i(t)$ 与 $\varphi_i(t)$ 往往表现得更为迟钝点，故 $R_i(t)$ 和 $\varphi_i(t)$ 能

看做随时间缓慢发生的过程，所以式（3-1）还可以表示成如下形式：

$$R(t) = \sum_{i=1}^{N} R_i(t)\cos\varphi_i(t)\cos(w_c t) - \sum_{i=1}^{N} R_i(t)\sin\varphi_i(t)\sin(w_c t) \qquad (3-2)$$

设：

$$x_R(t) = \sum_{i=1}^{N} R_i(t)\cos\varphi_i(t) \qquad (3-3)$$

$$x_S(t) = \sum_{i=1}^{N} R_i(t)\sin\varphi_i(t) \qquad (3-4)$$

那么 $R(t)$ 可以写成：

$$R(t) = x_R\cos(w_c t) - x_S\sin(w_c t) = U(t)\cos(w_c t) + \varphi(t) \qquad (3-5)$$

式中，$U(t)$ 与 $\varphi(t)$ 分别为合成波 $R(t)$ 的包络与相位。

因为 $R_i(t)$ 与 $i(t)$ 是比较缓慢变化，所以 $x_R(t)$、$x_S(t)$ 与包络 $U(t)$、$\varphi(t)$ 变化也是缓慢的。故合成波 $R(t)$ 可以看成一个窄带的过程。

由上面的式子可以得出：单一频率信号 $c(t)$ 经多径传播之后得到调制的窄带信号 $R(t)$。因此多径效应在频谱上面会引起色散。

$x_R(t)$ 与 $x_S(t)$ 是 $R(t)$ 的两个正交的分量，通过概率论中的大数定律可以得出，$x_R(t)$ 与 $x_S(t)$ 是均值等于零，方差是高斯过程，概率密度函数（probability density function，PDF）表达式如下[2]：

$$P(x_R) = \frac{1}{\sqrt{2\pi}\sigma}\exp\left(-\frac{x_R^2}{2\sigma^2}\right) \qquad (3-6)$$

$$P(x_S) = \frac{1}{\sqrt{2\pi}\sigma}\exp\left(-\frac{x_S^2}{2\sigma^2}\right) \qquad (3-7)$$

联合概率密度函数为：

$$P(x_R, x_S) = \frac{1}{2\pi\sigma^2}\exp\left(-\frac{x_R^2 + x_S^2}{2\sigma^2}\right) \qquad (3-8)$$

为得到 $U(t)$ 的概率密度函数，可通过 $P(x_R, x_S)$ 经适当变形得到 $R(t)$ 相位和 $U(t)$ 的联合概率密度函数。再次通过概率论中边际公式可分别得到合成 $R(t)$ 相位以及 $U(t)$ 的概率密度函数为：

$$P(U(t)) = \int_{-\infty}^{\infty} p(U(t),\varphi(t))\mathrm{d}\varphi(t) = \frac{U(t)}{\sigma^2}\exp\left(-\frac{U(t)^2}{2\sigma^2}\right) \qquad U(t) \geqslant 0$$
$$(3-9)$$

和 $$P(\varphi(t)) = \int_{-\infty}^{\infty} p(U(t),\varphi(t))\mathrm{d}U(t) = \frac{1}{2\pi} \qquad 0 \leqslant \varphi(t) \leqslant 2\pi \qquad (3-10)$$

由式（3-9）和式（3-10）可以得出，合成信号相位服从均匀分布，而幅度服从瑞利分布（Rayleigh distribution）。故通常将移动通信中的多径快衰落称为瑞利衰落，因为瑞利衰落对移动通信的影响最大，所以将移动通信信道称之为瑞利信道。

假设一个随机二维向量的各分量呈现互不依赖、方差一样的正态分布，那么该向量之模便呈现瑞利分布。瑞利分布的概率密度函数如下：

$$f(x;\sigma) = \frac{x}{\sigma^2}\mathrm{e}^{-\frac{x^2}{2\sigma^2}} \qquad x \geqslant 0 \tag{3-11}$$

图 3-1 所示即瑞利分布的概率密度函数。

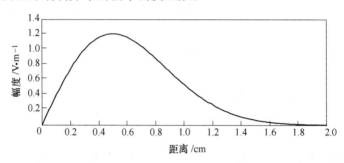

图 3-1   瑞利分布的概率分布密度

而当到达接收机的合成信号中有一路径信号明显较强时，就能够推导出合成信号的包络是由瑞利分布变换为莱斯分布（Rice distribution）：

$$P(U(t)) = \frac{U(t)}{\sigma^2}\exp\left(-\frac{U(t)^2 + A_0^2}{2\sigma^2}\right)I_0\left(\frac{A_0 U(t)}{\sigma^2}\right) \qquad U(t) \geqslant 0 \tag{3-12}$$

莱斯分布就是 Nakagami-m 分布，也称为广义瑞利分布，信号通过莱斯分布信道比通过瑞利信道所受到的多径衰落的影响要小[3]。莱斯分布的概率密度函数即为莱斯密度函数[4]：

$$P(R) = \frac{R}{\sigma^2}\exp\left(-\frac{R^2 + A^2}{2\sigma^2}\right)I_0\left(\frac{RA}{\sigma^2}\right) \tag{3-13}$$

式中，R 为正弦（余弦）信号加窄带高斯随机信号包络；A 为主信号幅度最大值；σ^2 为多径信号分量功率；$I_0()$ 为修正零阶第一类贝塞尔函数（该函数是数学里一类特殊函数总称，是贝塞尔方程 $x^2\dfrac{\mathrm{d}^2 y}{\mathrm{d}x^2} + x\dfrac{\mathrm{d}y}{\mathrm{d}x} + (x^2 - \alpha^2)y = 0$ 标准函数 $y(x)$，α 为 1 时的对应解称做 1 阶贝塞尔函数，α 为 m 时的对应解称做 m 阶贝塞尔函数[5]）。图 3-2 为莱斯分布的概率密度函数。

Nakagami 分布又可分为：Nakagami-m 分布和 Nakagami-q 即 Hoyt 分布[6]。Nakagami-m 常用来模拟陆地移动、电离闪烁层和室内移动多径传播环境等，而 Nakagami-q 常用于带强电离层闪烁的卫星链路环境。

WSN 的通信中，多径衰落关键是以瑞利衰落（Rayleigh fading）为主，它是随机变化的，故只能用概率或统计的观点或原理来定量地进行描述。

3.1.1.2   多径衰落信道仿真模型

在 WSN 的通信系统中，信号经过无线信道由发射机传送到接收机，如果要保证在系统设计完成之后可以满足预定的性能，需要充分考虑无线通信的信道的

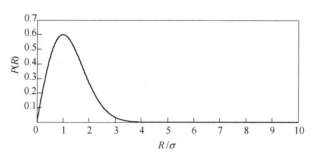

图 3-2 莱斯分布的概率分布密度

时延、衰落和多普勒频移带来的影响。

有以下两种针对仿真的方法：其一为软件仿真，即信道模型靠软件程序来完成；其二为硬件仿真，即用硬件来完成信道模型。而仿真的主要目的是设计出符合并且容易实现仿真对象物理过程的仿真模型。

在平坦衰落的情况下，仿真方法为利用正交调制和同相的概念产生短时特性与频谱的仿真信号[7]。平坦衰落信道冲击响应为：

$$h(t) = h_c(t) + jh_s(t) = E_0 \left[\sum_{i=1}^{N} c_i \sin(w_i t + \theta_i) + \sum_{i=1}^{N} c_i \cos(w_i t + \theta_i) \right] \quad (3\text{-}14)$$

式中，θ_i、w_i、c_i 分别为第 i 个相位、角频率以及幅度。

当 $N \to \infty$ 时，$h(t)$ 包络服从瑞利分布。频率选择性衰落信道模型如图 3-3 所示。

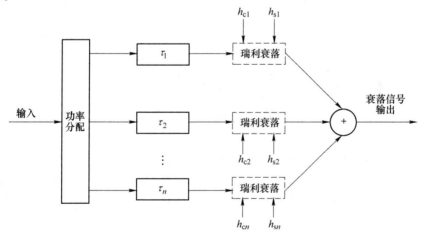

图 3-3 频率选择性衰落信道的仿真模型

3.1.2 分集技术的介绍

接收端收到的发射信号不仅会受到回音干扰即多径干扰，而且还会受到附近其他用户的干扰即通信道干扰。信源的分离最关键的是要对多个信号进行不同的接收，分集技术正好是利用传输媒介和信号的性质对信号进行分离发送和接收的。在分集技术中，对抗小尺度的衰落最为关键的就是采用微分集技术（microscopic diversity technology），而对抗大尺度的衰落最为关键的就是采用宏分集技术（macroscopic diversity）[8~10]。分集技术必须要满足的要求是：在接收端有能力接收多个互为独立不相关的路径。为了能够实现这种目的，可以采用空域、频域和时域等方式。微分集技术即成为抵抗多径衰落的最为重要的分集方法，可划分为6 种[11]，即空间分集、极化分集、频率分集、角度分集、时间分集和场分量分集[12]。

3.1.2.1　空间分集

空间分集技术（space diversity technology）的原理是：根据快衰落具有空间独立性，通过使用多副天线发送或搜索接收，并通过场强能够随着空间及时间不断变化来达到目的，其空间距离若不断变大则其多途径传播的差异也不断变大，随之其所收到的场强的相关性（该术语指的是一个统计术语，意思是信号之间的相似性的程度）也就不断变小了[13]。该技术主要分为接收分集和发送分集，如图 3-4 所示。

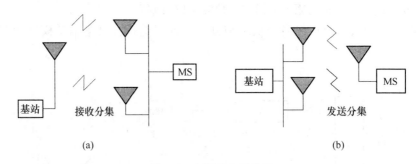

图 3-4　空间分集示意图
（a）接收分集；（b）发送分集

分集支路数 M 越大，那么空间分集性就越好。但是，当 M 较大时，其复杂也会增大，分集增益效果也将逐步减弱。由文献［14］可以得出：使用两副天线的空间分集，所获的信噪比能够得到将近 20dB 的改善。

3.1.2.2　极化分集

极化分集技术（polarization diversity technology）其实是空间分集的一种特殊情形，它是对空间分集技术的进一步完善，它的分集支路只有两条，并且必须满足的条件是：两支路信号极化方向必须为相互正交[15]。极化分集技术不仅能够有效地减弱多径时延扩展，且又不会减弱其接收功率。

3.1.2.3　频率分集

频率分集技术（frequency diversity technology），采用不一样的载频发射信号。

其工作原理是：根据信道相干带宽 B_c 外的频率是互相不关联的且不会出现同样的衰落的原理，并利用相隔时间超过信道相关带宽的数个信道实现分集[16]。频率分集和空间分集相比可以少用天线以及相应设备，但是它的不足是将占用更多的频率资源，所以在发射端需安置数部发射机。频率互相不关联的载波所说的是相异载波间隔要超过频率相干区间，因此必须要满足以下公式：

$$\Delta f \geqslant B_c = \frac{1}{\Delta \tau_m} \qquad (3-15)$$

式中，Δf 为载波频率间隔；B_c 为相干带宽；$\Delta \tau_m$ 为最大多径时延差。

3.1.2.4 其他几种分集技术

除了上面介绍的分集技术之外，还有角度分集、时间分集和场分量分集等技术。角度分集技术（angle diversity technology），也称为方向分集技术，是空间分集的比较特殊的一种情形。当方向角度之间的差距变得越来越大时，那么各自方向信号的关联性就会随之变小了[17]。所以，移动台比基站更合适采用角度分集技术。

时间分集技术（time diversity technology）的工作原理是：求出同一信号在时间上与定量时间的间隔，并往复传送 x 次，间隔要超过其相干时间 t_c，便能获得 x 条相互独立衰落的多径分量。因为相干时间 t_c 和移动台的移动速率存在一个反比关系，故当用户为静止的状态时，时间分集就不起作用了。为满足往复传输数字信号能有独立衰落性能，往复传输的时间间隔必须符合以下公式：

$$\Delta t \geqslant \frac{1}{2 f_m} = \frac{1}{2(v/\lambda)} \qquad (3-16)$$

式中，Δt 为时间间隔；f_m 为衰落频率；v 为移动台运动速度；λ 为工作波长。

场分量分集技术（field diversity technology）的原理是：利用接收电磁波的 H 和 E 场载的 3 个场分量，就能产生分集的作用[18]。场分量分集不必在天线之间产生实体上的间隔。所以场分集技术适用于相对较小的工作频率段（不超过 100MHz）；而当工作频率相对较大（800 ~ 1000MHz）时，则选用空间分集技术更方便达到目的。

3.2 合并技术的研究

3.2.1 合并技术的介绍

合并技术（combining technology）一般情况下是用在空间分集技术中的。在接收端得到 L 条互相独立无关联的支路信号之后，便能够利用合并技术得到分集增益[19]。由于接收端所采用的合并技术各不一样，故可以将该技术分为检测前合并技术（pre-detection combining technology）（见图3-5（a））和检测后合并技术（post-detection combining technology）（见图3-5（b））。常见合并技术（见图3-6）可分为选择合并（selection combining，SC）、最大比合并（maximum ratio combining，MRC）和等增益合并（equal gain combining，EGC）[10]。

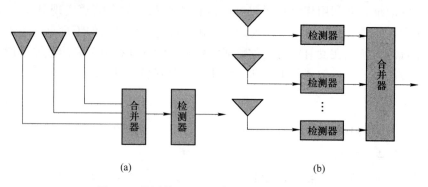

（a）   （b）

图 3-5   检测前（a）和检测后（b）合并技术

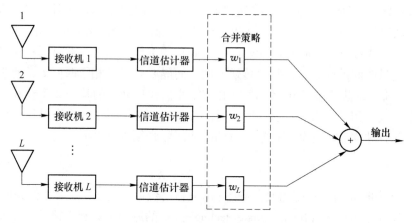

图 3-6   合并结构框图

由上面分析可知分集技术能够在接收端获取数条互相独立的支路信号。但合并技术所要处理的是：接收端应该通过哪种方法将多路信号相互联合起来满足增大输出信噪比的要求。L 个分支合并的结构框图如图 3-6 所示。图中 w_i（$i = 1$，2，…，L）表示的是第 i 条接收支路的加权系数。如果第 i 条支路接收的信号是 $x_i(t)$，那么经过合并之后的输出端信号 $y(t)$ 便能够写为如下数学表达式：

$$y(t) = \sum_{i=1}^{L} w_i x_i(t) \tag{3-17}$$

式（3-17）中选取不一样的加权系数 w_i，便能产生不一样的合并方法。于是，下面各节中，将对各种合并方法进行详细介绍。

3.2.2   合并技术以及数学模型的建立

3.2.2.1   选择合并

选择合并的原理结构如图 3-7 所示，该图是对 M 条支路信号进行分析，随后通过选择逻辑挑选出信噪比最大的一条支路并将其当作接收信号的输出，即在各支路的加权系数中只能有一条支路的系数不等于零其他各条支路系数都要等于零，数学表达即：

$$a_{k_1} = 1, \quad a_{k_2} = 0 \quad (k_1 \neq k_2, \ k_2 = 1, \ 2, \ \cdots, \ M)$$

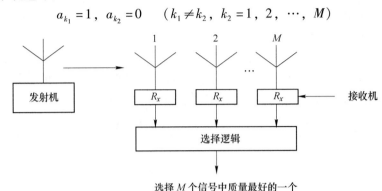

图 3-7　选择合并原理

信噪比（signal-to-noise ratio，SNR）[20]越大表明噪声越小，结果也就更精确。信噪比的单位为 dB，计算方法如下：

$$SNR = 10\lg\left(\frac{SP}{NP}\right) = 10\lg\left(\frac{\frac{SV}{SR}}{\frac{NV}{NR}}\right) \tag{3-18}$$

式中，SP 为信号的有效功率；NP 为噪声的有效功率；SV 为信号电压；SR 为信号 R；NV 为噪声电压；NR 为噪声 R。

若保证正常通信的信号信噪比阈值为 y_s，信噪比不超过该阈值概率分布为：

$$P(y_i \leq y_s) = 1 - e^{-\frac{y_s}{\Gamma}} \tag{3-19}$$

全部 M 条互相独立的衰落分量 y_i 都不超过 y_s 的概率分布为：

$$P(y_s) = P(y_1 \leq y_s, y_2 \leq y_s, \cdots, y_M \leq y_s) = (1 - e^{-\frac{y_s}{\Gamma}})^M \tag{3-20}$$

式（3-20）对 y_s 求导后演算出选择合并概率函数为：

$$P(y_s) = \frac{\mathrm{d}P(y_s)}{\mathrm{d}y_s} = \frac{M}{\Gamma}(1 - e^{-\frac{y_s}{\Gamma}})^{M-1} e^{-\frac{y_s}{\Gamma}} \tag{3-21}$$

在选择合并方式下可以得到平均输出信噪比为：

$$\overline{y_s} = \Gamma \sum_{k=1}^{M} \frac{1}{k} \tag{3-22}$$

式（3-22）能够得出每加上一条支路，输出信噪比只有总支路的倒数倍。选择合并中的增益与分集支路数关系式如下[21]：

$$G_s = \frac{\overline{y_s}}{\Gamma} = \sum_{k=1}^{M} \frac{1}{k} \tag{3-23}$$

式中，$\overline{y_s}$ 为 $\overline{SNR_s}$，是选择合并后的平均输出信噪比；Γ 为 $\overline{SNR}$，表示为合并前每个支路的平均信噪比；M 为分集支路数。

选择合并是三种合并方式中设备最容易实现的合并方式，该方式应用范围很广泛。

3.2.2.2　最大比合并

最大比合并的原理：接收机对全部分集支路进行一个连续且不间断的检测，并且估算各个支路信号幅度、时延以及相位，之后由"强更强，弱更弱"的原理做出相对应的加权补偿，从而使得合并输出信噪比达到峰值[22]。原理如图3-8 所示。

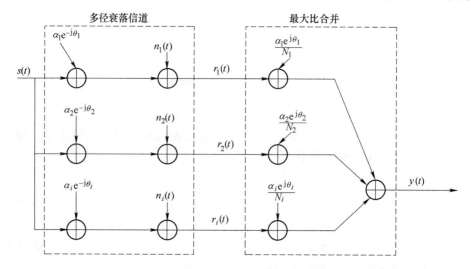

图3-8　最大比合并接收机系统的模型

$s(t)$ —发送信号；α_i、θ_i、n_i（$i=1$，…，L）—经信道传播后支路信号的幅度、
相位偏移以及噪声；$r_i(t)$（$i=1$，…，L）—接收的多径支路信号；
$\dfrac{\alpha_i e^{j\theta_i}}{N_i}$（$i=1$，…，$L$）—加权系数；$N_i$（$i=1$，…，$L$）—支路噪声功率

该合并方式输出信号公式如下：

$$y(t) = \sum_{i=1}^{L} w_i r_i(t) \tag{3-24}$$

式中，w_i 为第 i 条支路的加权系数；L 为多径分集支路数目。

最大比合并加权系数表示为[23]：

$$w_i = \frac{\alpha_i}{N_i} e^{j\theta_i} \tag{3-25}$$

由式（3-25）能够得出，最大比合并的 w_i 和 α_i 是成正比的关系，而与 N_i 是成反比的关系。w_i 增强了信号在合并中的作用，并且也相应地缓和了噪声对合并的不良反应，从而使得最大比合并输出的信噪比达到峰值。$G_m = M$ 为最大比合

并下的增益与分集数的关系式，从中可以看出这两者是呈线性关系的。

3.2.2.3 等增益合并

等增益合并或者称做相位均衡，其可以说是最大比合并的一个特例[24]。最大比合并需要适时改变加权系数 a_i 值，然而对于实际的系统来说，这是很难做到的。等增益合并处理方式是将 a_i 设定为常数，数学表达式如下：

$$a_0 = a_1 = a_2 = \cdots = a_M = \frac{1}{\sqrt{M}} \tag{3-26}$$

等增益合并方式的方便之处在于不用估计各支路信噪比，且仅需要将 a_0 作为各个支路加权系数并将支路合并。等增益的平均信噪比为：

$$y_E = \Gamma \left[1 + \frac{\pi}{4}(M - 1) \right] \tag{3-27}$$

由式（3-26）和式（3-27）可以得出，等增益合并的平均信噪比与分集支路数是线性关系。当 M 趋于无穷大时，这两个变量大体上可以看做是呈现正比关系的。故可以得到等增益合并的分集增益为[25]：

$$G_E = \frac{y_E}{\Gamma} = \frac{\pi}{4}(M - 1) + 1 \tag{3-28}$$

等增益合并方式比最大比合并方式更容易实现到实际应用之中，所以在非相干的检测系统中，常常用等增益合并方式去完成[26]。

3.2.2.4 三种合并方式比较

在 WSN 中，信噪比是一个很重要的性能指标，信噪比决定了通信质量的高低，在数字通信中信噪比也决定了误码率。WSN 里，误码率（bit error rate, BER）是评判数据在指定时间之内传输精度的性能指标，数学表达为误收码元数在所发送总码元数里所占的比例。误码率可以被定义为衡量误码出现的频率，它是评判合并技术的好坏的重要的指标。

对于分集增益，其比较就是建立于下面三个条件的前提下的：各支路衰落是独立互不相关的；信号幅度（也即包络）衰落速率远远小于信号最低调制频率；每一路径分量均是高斯白噪声，都和信号不相关。

最大比合并的分集增益是最好的等增益合并和最大比合并很接近，而选择合并的分集增益相对来说最弱。所以在实际的应用之中，因为合并方式的实现相对来说比较复杂，故常常采用二分集和三分集，一般是不会超过四分集的。

在瑞利分布中，相对相移键控调制（DPSK 调制）的平均误码率为 $\overline{P}_e$，表3-2 所示的是三种合并方式的比较。如果 $M = 1$，误码率表示为 $\overline{P}_{e1}$（$M = N$ 时误码率表示为 $\overline{P}_{en}$），则 $\overline{P}_{e1} = 1 \times 10^{-2}$。所以在三分集的情况下，各种合并方式的误码率分别是[27]：

$$\begin{cases} \text{选择合并：} 24\,\overline{P_{e3}} = 24 \times 10^{-3} \\ \text{最大比合并：} 4.0\,\overline{P_{e3}} = 4.0 \times 10^{-3} \\ \text{等增益合并：} 6.4\,\overline{P_{e3}} = 6.4 \times 10^{-3} \end{cases} \tag{3-29}$$

表 3-2   三种合并方式的平均误码

分集数 M 合并方式	选择合并	等增益合并	最大比合并
1	$\overline{P_{e1}}$	$\overline{P_{e1}}$	$\overline{P_{e1}}$
2	$4\,\overline{P_{e2}}$	$2.5\,\overline{P_{e2}}$	$2.5\,\overline{P_{e2}}$
3	$24\,\overline{P_{e3}}$	$6.4\,\overline{P_{e3}}$	$4.0\,\overline{P_{e3}}$

由表 3-2 可以得出：相比较于无分集的情况之下，$\overline{P_{e1}}$ 在分集时能够得到比较可观的改进，从中可以看出最大比合并依旧是最佳合并方式。图 3-9 即为三种分集合并方式信噪比与误码率关系的比较。

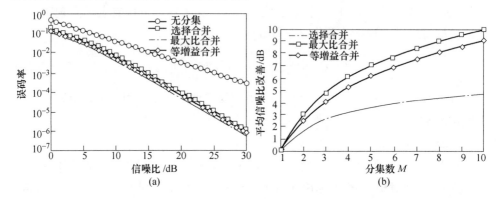

图 3-9   三种分集合并方式的误码率（a）与信噪比（b）曲线

3.3   瑞利信道下最大比合并技术的研究

3.3.1   瑞利衰落信道下的最大比合并技术

在移动通信当中多径效应是其一特点，多径传播导致的深度衰落、时延差以及多普勒效应等是造成传输性能降低和误码率增大的主要的原因。所以，知道了多径衰落是影响 WSN 通信质量的一个关键因素，并且其快衰落深度可以达到 30 ~ 40dB，一定会造成误码率极度恶化[28]。分集合并技术目前已经广泛运用于移动通信和短波通信中，分集接收的支路数在某种程度上对分集效果有很大的影响，且接收端的合并方式也会对分集效果产生重大影响。研究人员常常使用的合并方法有选择合并、最大比合并和等增益合并。这三种方式都是通过在接收端利用接收到的几个分集支路信号来抵抗传输过程中所导致的衰落的影响。三种合并方式中的等增益合并方式是最大比合并方式的一个特例，选择合并方式在结构上最为简易，最大比合并方式性能最好，多径衰落主要研究瑞利衰落。

为在接收端使合并达到最大效果，使用最大比合并方式，最大比合并各支路信号幅度和相位都是随机变化。故根据中心极限定理有，接收信号数学表达式为[29]：

$$r(t) = a(t)s(t) + n(t) \tag{3-30}$$

式中，$a(t)$ 为零均值复高斯随机变量；$s(t)$ 为复包络；$n(t)$ 为高斯白噪声。

式 (3-30) 中 $a(t) = x(t) + \mathrm{j}y(t)$，假设有 x 和 y 表示为 $x(t)$ 和 $y(t)$ 的采样。则有 $x \sim N(0, \sigma^2)$，$y \sim N(\theta, \sigma^2)$，于是有：

$$f_{x,y}(x,y) = \frac{1}{2\pi\sigma^2}\exp\left(-\frac{x^2 + y^2}{2\sigma^2}\right) \tag{3-31}$$

设 $a = (x^2 + y^2)^{0.5}(a > 0)$ 表示为衰落包络，$\phi = \tan^{-1}(y/x)(0 < \phi < 2\pi)$ 表示为衰落相位。则式 (4-31) 可以用雅可比变换将其变化为如下表达式：

$$f_{a,\phi}(a,\phi) = \frac{a}{2\pi\sigma^2}\exp\left(-\frac{a^2}{2\sigma^2}\right) \tag{3-32}$$

式 (3-32) 的边缘密度如下：

$$f_\phi(\phi) = \int_0^\infty f_{a,\phi}(a,\phi)\mathrm{d}a = \frac{1}{2\pi} \tag{3-33}$$

$$f_a(a) = \int_0^{2\pi} f_{a,\phi}(a,\phi)\mathrm{d}\phi = \frac{a}{\sigma^2}\exp\left(-\frac{a^2}{2\sigma^2}\right) \tag{3-34}$$

由式 (3-33) 和式 (3-34) 可以得出，这两个变量分别服从均匀分布与瑞利分布。假如随机变量服从瑞利分布，那么平均功率的数学表达式如下：

$$\Omega = E[a^2] = 2\sigma^2 \tag{3-35}$$

$$f_a(a) = \frac{2a}{\Omega}\exp\left(\frac{a^2}{\Omega}\right) \tag{3-36}$$

由中心极限定理可以得出，如果存在比较多数目的射线，x，y 可以认为都是均值为零、方差相同的正态随机变量，相位 ϕ 服从均匀分布，a 服从瑞利分布，故称该衰落为瑞利衰落，可以采用合并方式抵抗衰落影响，抵抗由多径效应导致的多径衰落。最大比合并的工作原理是：当输入信号到达接收端时先使全部支路信号相位一样，之后以各支路的信噪比作为其加权系数，最终形成合成信号。最大比合并不仅可以放在解调之前，同时也可以放在解调位置之后进行。

当信噪比为 γ 的时候，且在没有衰落信道的前提下，多进制数字相位调制 (multiple phase shift keying, MPSK) 方案的误码率是：

$$P_e\langle b \mid \gamma\rangle\begin{cases} = Q\sqrt{2a\gamma} & M = 1 \\ \approx 2Q\sqrt{2\gamma}\sin(\pi/M) & M > 2 \end{cases} \tag{3-37}$$

式 (3-37) 中，对于相干移频键控 (coherent frequency shift keying, CFSK) 来说

$a = 0.5$；对于双相移相键控（binary phase shift keying，BPSK）来说 $a = 1$，Q 为高斯概率函数，数学表达式为：

$$Q(x) = \int_0^\infty \frac{1}{\sqrt{2\pi}} \exp\left(-\frac{t^2}{2}\right) dt \qquad (3-38)$$

双分集接收瑞利衰落信道中采用最大比合并之后的输出信噪比为：

$$\gamma = \gamma_1 + \gamma_2 \qquad (3-39)$$

式中，γ_i 为第 i（$i = 1$，2）条支路的信噪比；γ 为各条支路的信噪比总和。

$$f_\gamma(x) = \frac{1}{\lambda_1 - \lambda_2}\left[\exp\left(-\frac{x}{\lambda_1}\right) - \exp\left(-\frac{x}{\lambda_2}\right)\right] \qquad (3-40)$$

其中：

$$\lambda_1 = 0.5\left[\Gamma_1 + \Gamma_2 - \sqrt{(\Gamma_1 + \Gamma_2)^2 - 4\Gamma_1\Gamma_2(1 - |\rho|^2)}\right] \qquad (3-41)$$

$$\lambda_2 = 0.5\left[\Gamma_1 + \Gamma_2 + \sqrt{(\Gamma_1 + \Gamma_2)^2 - 4\Gamma_1\Gamma_2(1 - |\rho|^2)}\right] \qquad (3-42)$$

式中，ρ 为两支路分集接收信号的相关系数；Γ_i 为第 i 支路的平均信噪比。

所以在衰落信道之下的平均误码率为：

$$p_e = \int_0^\infty p_e\langle b \mid \gamma\rangle f_\gamma(\gamma)\,d\gamma \qquad (3-43)$$

其中，将 Q 函数进行如下的变换：

$$Q(x) = \frac{1}{\pi}\int_\pi^{\frac{\pi}{2}} \exp\left(-\frac{x^2}{2(\sin\theta)^2}\right) d\theta \qquad (3-44)$$

$$\begin{aligned}
p_e &= \frac{1}{\pi(\lambda_1 - \lambda_2)}\int_0^{\frac{\pi}{2}}\int_0^\pi \left\{\exp\left[-\left(\frac{a}{\sin^2\theta} + \frac{1}{\lambda_1}\right)\gamma\right] - \exp\left[-\left(\frac{a}{\sin^2\theta} + \frac{1}{\lambda_2}\right)\gamma\right]\right\} d\gamma\, d\theta \\
&= \frac{1}{\pi(\lambda_1 - \lambda_2)}\int_0^{\frac{\pi}{2}}\left(\frac{\lambda_1\sin^2\theta}{a\lambda_1 + \sin^2\theta} - \frac{\lambda_2\sin^2\theta}{a\lambda_2\sin^2\theta}\right) d\theta \\
&= \frac{1}{2(\lambda_1 - \lambda_2)}\left[\lambda_1\left(1 - \sqrt{\frac{a\lambda_1}{a\lambda_1 + 1}}\right) - \lambda_2\left(1 - \sqrt{\frac{a\lambda_2}{a\lambda_2 + 1}}\right)\right]
\end{aligned}$$

$$M = 2 \qquad (3-45)$$

$$p_e = \frac{1}{\lambda_1 - \lambda_2}\left[\lambda_1\left(1 - \sqrt{\frac{\sin^2(\pi/M)\lambda_1}{\sin^2(\pi/M)\lambda_1 + 1}}\right) - \lambda_2\left(1 - \sqrt{\frac{\sin^2(\pi/M)\lambda_2}{\sin^2(\pi/M)\lambda_2 + 1}}\right)\right]$$

$$M > 2 \qquad (3-46)$$

在瑞利衰落信道中运用最大比合并时，可以得出两支分集支路输出信噪比概率密度函数为：

$$f_\gamma(x) = \frac{1}{2\Gamma\rho}\left\{\exp\left[-\frac{x}{\Gamma(1 + \rho)}\right] - \exp\left[-\frac{x}{\Gamma(1 - \rho)}\right]\right\} \qquad (3-47)$$

式中，Γ 为分集支路的平均信噪比。

进而可以求得误码率为：

$$p_e = \frac{1}{4\rho}\left\{(1 + \rho)\left[1 - \sqrt{\frac{\alpha\Gamma(1 + \rho)}{a\Gamma(1 + \rho) + 1}}\right] - (1 - \rho)\left[1 - \sqrt{\frac{a\Gamma(1 - \rho)}{a\Gamma(1 - \rho) + 1}}\right]\right\}$$

$$M = 2 \tag{3-48}$$

$$p_e = \frac{1}{2\rho}\left\{ (1+\rho)\left[1 - \sqrt{\frac{\sin^2(\pi/M)\Gamma(1+\rho)}{\sin^2(\pi/M)\Gamma(1+\rho)+1}} \right] \right\}$$

3.3.2 瑞利信道下最大比合并性能仿真

瑞利信道下最大比合并与等增益合并的性能比较如图 3-10 所示。由图 3-10 可知最大比合并性能最好。

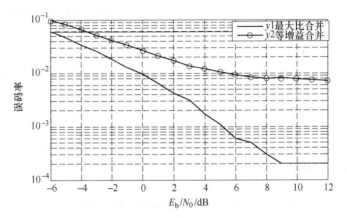

图 3-10 瑞利信道下最大比合并与等增益合并的性能比较

E_b—平均到每个 bit 上的信号能量；N_0—噪声功率谱密度；

E_b/N_0—有用信号和干扰信号的比例，用来衡量信号有效性能

参 考 文 献

[1] Telatar E, Tse D N C. Capacity and mutual information of wideband multipath fading channels [J]. IEEE Transactions on Information Theory, 2000, 46 (4): 1384~1400.

[2] Smith J I. A computer generated multipath fading simulation for mobile radio [J]. IEEE Transactions on Vehicular Technology, 1975, 24 (3): 39~40.

[3] Nakagami M. The m-distribution, a general formula of intensity distri-bution of rapid fading [J]. Statistical Methods in Radio Wave Propagation, 1957, 4: 78~125.

[4] Shakil M, Kibria B M G, Singh J N. Distribution of the ratio of Maxwell and rice random variables [J]. Int J Contemp Math Sci, 2006, 1 (13): 623~637.

[5] Ismail M E H. The basic Bessel functions and polynomials [J]. Siam J Math Anal, 1981, 12 (3): 454~468.

[6] Shankar P M. Classification of ultrasonic B-mode images of breast masses using Nakagami distribution [J]. IEEE Transactions on Ultrasonics Ferroelectrics & Frequency Control, 2001, 48

（2）：569~580.

[7] 朱尧立. 基于网络编码的协作通信系统研究 [D]. 西安：西安电子科技大学，2010.

[8] 徐加磊，刘陈. MIMO 闭环系统的研究与改进 [J]. 广西通信技术，2009（1）：873~876.

[9] 黎威. MIMO 系统中天线选择技术的研究 [D]. 武汉：武汉理工大学，2009.

[10] 李科. 差分 OFDM 系统与 MIMO 系统关键技术研究 [D]. 天津：天津大学，2011.

[11] Kchao C，Stuber G . Analysis of a direct sequence spread spectrum cellular radio system [J]. IEEE Trans Commun，1993，41（10）：1507~1516.

[12] 刘勇. 分集技术及 Rake 接收机误码率的仿真 [C]. 四川省通信学会 2006 年学术年会论文集（二）. 2006.

[13] 韩友才. 协同通信实现方案研究 [D]. 南京：南京邮电大学，2010.

[14] 李晓强，赵光. 无线衰落信道下的分集接收技术与空时编码的研究 [J]. 辽宁工业大学学报，2011，28（23）：296~298.

[15] Vaughan R G . Polarization diversity in mobile communications [J]. IEEE Transactions on Vehicular Technology，1990，39（3）：177~186.

[16] Bhandari A，Kadambi A，Whyte R，et al. Resolving multipath interference in time-of-flight imaging via modulation frequency diversity and sparse regularization [J]. Optics Letters，2014，39（6）：1705.

[17] Carruthers J B，Kahn J M. Angle diversity for nondirected wireless infrared communication [J]. IEEE Transactions on Communications，2000，3（6）：960~969.

[18] Madrzak C J，Golinska B，Kroliczak J，et al. Diversity among field populations of bradyrhizobium japonicum in Poland [J]. Applied & Environmental Microbiology，1995，61（4）：1194~1200.

[19] Berry M M J，Taggart J H. Combining technology and corporate strategy in small high tech firms [J]. Research Policy，1998，26：883~895.

[20] Boer J F D，Barry C，Hyle P B. Improved signal-to-noise ratio in spectral-domain compared with time-domain optical coherence tomography [J]. Optics Letters，2003，28（21）：2067~2069.

[21] Digham F F，Alouini M S. Selective diversity with discrete power loading over Rayleigh fading channels [J]. Communications IEEE International Conference on，2004，5：2762~2766.

[22] Dietrich F A，Utschick W. Maximum ratio combining of correlated Rayleigh fading channels with imperfect channel knowledge [J]. IEEE Communications Letters，2003，7（9）：419~421.

[23] Mallik R K，Win M Z，Shao J W，et al. Channel capacity of adaptive transmission with maximal ratio combining in correlated Rayleigh fading [J]. Wireless Communications IEEE Transactions on，2004，3（4）：1124~1133.

[24] 李光球. 相关衰落信道上 MIMO 系统中组合 SC/MRC 的性能分析 [J]. 电波科学学报，2009，24（1）：163~166.

[25] Song Y，Blostein S D，Cheng J. Exact outage probability for equal gain combining with cochan-

nel interference in Rayleigh fading ［J］. IEEE Transactions on Wireless Communications，2003，2（5）：865～870.

［26］ Alouini M S, Simon M K. Performance analysis of coherent equal gain combining over Nakaga-mi-m fading channels ［J］. IEEE Transactions on Vehicular Technology，2001，50（6）：1449～1463.

［27］ Winters J H, Salz J. Upper bounds on the bit-error rate of optimum combining in wireless sys-tems ［J］. Communications IEEE Transactions on，1998，46（12）：1619～1623.

［28］ 彭丽. 无线通信 MIMO 系统关键技术应用研究 ［D］. 济南：山东大学，2010.

［29］ 张琳，秦家银. 最大比合并分集接收性能的新的分析方法 ［J］. 电波科学学报，2007，22（2）：347～350.

4 基于随机统计技术的钨矿电力机车对 WSN 电磁干扰影响研究

4.1 WSN 电磁干扰场源研究

因为通道条件限制，井下矿机设备很多都放在临近的位置。设备在启停等程序中容易被彼此的电磁信号相互耦合叠加，产生更大的干扰。电磁干扰存在，容易使 WSN 监测传输信号与事实不符，在矿井安全方面产生较大的危险[1]。

4.1.1 变频调速电机产生的电磁干扰分析

4.1.1.1 变频器概述

变频器区分的方法多种多样，从结构形式的角度分析，可分成交-直-交变频器和交-交变频器两种；如果从电源不同性质的角度考虑，可区分为电压源型变频器和电流源型变频器两种[2]。图 4-1 ~ 图 4-3 分别描述了通用变频器输出脉冲宽度调制（pulse width modulation，PWM）电压波形、工作电流和输出电流频谱。

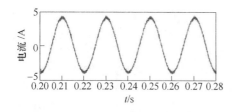

图 4-1　变频器输出脉冲宽度调制电压波形

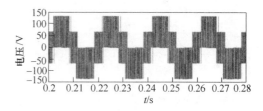

图 4-2　PWM 电机工作电流

现今，矿井中选用的变频器功率大都小于 200kW，电压源变频器使用较多。矿井下的电网电压相对地面电压来说稳定性能较差，上下浮动甚至可达到预先设定电压的 70% ~ 115%。在这种条件下，电压不稳定性将会对变频器产生电磁干扰，影响变频器的

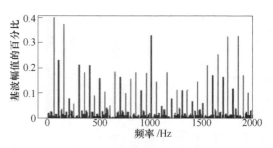

图 4-3　输出电流波形频谱

正常工作[3]。

4.1.1.2 变频电机驱动原理

矿井电机的工作电压一般为交流电压，多采用交-直-交 PWM 控制电机。

主电路、电流电压检测电路、驱动电路、速度检测电路和保护电路等五个部分共同组成了交-直-交变频器[4]。从调压调频环节和所采用的控制方法等角度来分析，变频器可以分为三种，分别为可控整流调压、逆变调频型，斩波调压逆变调频型，PWM 逆变调压调频型

4.1.1.3 脉冲宽度调制原理

脉冲宽度调制技术一般指通过微处理器的数字输出功能来对模拟电路进行控制的一类比较成熟的方法[5]。脉冲宽度调制技术在监测、信号传输、控制变换等领域被广泛应用。随着科技的发展和相关领域技术的更新，越来越多的脉冲宽度调制技术被发现，主要有以下 8 种：等脉宽 PWM 法、随机 PWM、SPWM 法、等面积法、硬件调制法、软件生成法、自然采样法、规则采样法[6]。

冲量相等而形状不同的窄脉冲加在具有惯性的环节上时，其效果基本相同，这一结论被称为面积等效原理[7]。面积等效原理在许多技术中都有运用，它也是 PMW 控制技术能够得以实现的非常关键的基础理论之一。PWM 波形实际上是通过连续的幅值相等却不同宽度的脉冲来替换一个正弦半波。将正弦半波有序地切割成若干个等分，等效成若干个不断开的脉冲序列，这些脉冲横向等宽，但纵向有不一样长度的幅值；通过面积等效原理，将这些脉冲用幅值相等、宽度不同、中点相互重合的矩形脉冲替换，各脉冲面积与之前脉冲相等，宽度按正弦规律变化[2]。

脉冲的面积表示冲量，面积等效指的是脉冲信号宽幅不同，经过等效成目标脉冲信号时，只是改变脉冲宽幅，脉冲信号面积不变。

4.1.1.4 变频器谐波干扰分析

变频器产生的谐波干扰是主要的电磁干扰之一。一般来讲谐波可以用两种数学形式进行分析：

（1）傅里叶级数。人们预期的电网供电系统应该是能给电机提供频率稳定唯一、电压幅频特性和相频特性规范的正弦电压 $U(t)$，如式（4-1）所示：

$$U(t) = \sqrt{2}U[\sin(\omega t) + \varphi] \tag{4-1}$$

式中，U 为电压的有效值；φ 为电压初相角；ω 为电源角频率，$\omega = 2\pi/T$，T 为周期。

虽然变频器有的电压源是线性的正弦波型电压，但其负载可能为非线性负载，间接导致了非正弦电压和电流的产生。假定周期为 T 的函数 $U(t)$ 在某个工作周期之间满足狄利克雷条件：1）在一周期内，如果有间断点存在，则间断点的数目应是有限个；2）在一周期内，极大值和极小值的数目应是有限个；3）

在一周期内，信号是绝对可积的。因此信号函数在定义区间存在傅里叶变换[8]。

其傅里叶级数如式（4-2）所示：

$$u(\omega t) = a_0 + \sum_{n=1}^{\infty} \left[a_n \cos(n\omega t) + b_n \sin(n\omega t) \right] \tag{4-2}$$

从式（4-1）和式（4-2）可知，若是电压或电流信号都可用某些数学表达式表达出它们具备一定周期性的性质，那么这种类型的电压和电流信号都能通过傅里叶级数的形式先拆成直流信号分量、基波频率和谐波分量的形式然后合并成总和来分析。

（2）贝塞尔函数理论。贝塞尔函数来源于贝塞尔方程的解，如果不把初等函数等一些公式计算在内，贝塞尔函数是适用范围最广和使用次数最多的函数之一，特别是在一些物理学科的物质波动等领域中，贝塞尔方程对解这类问题更为突出和有效。贝塞尔函数分为三类，其中第一类贝塞尔函数在电气传动、电力电子、电力系统等领域的谐波问题研究中，占有举足轻重的位置[9]。

m 阶贝塞尔方程形如式（4-3）所示。

$$x^2 y'' + xy' + (x^2 - m^2)y = 0 \tag{4-3}$$

假设 m 为整数，经过求解可得一个独立的解，如式（4-4）所示。

$$y_1(x) = c_o x^m \Big[1 - \frac{1}{1!(m+1)} \Big(\frac{x}{2}\Big)^2 + \frac{1}{2!(m+1)(m+2)} \Big(\frac{x}{2}\Big)^4 + \cdots +$$

$$(-1)^k \frac{1}{k!(m+1)(m+2)\cdots(m+k)} \Big(\frac{x}{2}\Big)^{2k} + \cdots \Big] \tag{4-4}$$

在实际应用中，其被使用的范围更广，积分形式如式（4-5）所示。

$$J_m(x) = \frac{1}{2\pi} \int_{-\pi}^{\pi} e^{-im\xi} e^{ix\sin\xi} d\xi \tag{4-5}$$

在进一步进行变换递推联立后，得到联立的解如式（4-6）所示。

$$mJ_m(x) + xJ'_m(x) = xJ_{m-1}(x) - mJ_m(x) + xJ'_m(x) = -xJ_{m+1}(x) \tag{4-6}$$

联立消去 $J'_m(x)$，可得： $J_{m-1}(x) + J_{m+1}(x) = \dfrac{2m}{x} J_m(x) \tag{4-7}$

联立消去 $J_m(x)$，可得： $J_{m-1}(x) - J_{m+1}(x) = 2J'_m(x)$

式（4-7）表明，在联解推导过程中，只要 $J_0(x)$ 和 $J_1(x)$ 已知，其他整数阶贝塞尔第一类函数及其导数值也能相应地求出。可以通过积分形式的贝塞尔第一类函数和 $J_m(x)$ 值来分析谐波。

4.1.2　电力线缆所产生的电磁干扰分析

矿井下因地质和开采等原因，其供电线缆不能埋在地面以下也不能架在空中，而且矿开采的前沿一般都深入地下上百米，井下巷道错综复杂，导致电力线缆的距离非常长且成树枝分叉状分布在井下各个地方，电力线缆一般都挂在巷道两旁的墙壁上，避免影响井下工作人员正常进行开采作业。矿井下的电机都是靠调速控制系统通过很长的电力线缆来控制启停。基于这种情形，必须要广泛考虑包括电力线缆等各类影响，特别是电力线缆在输电过程中会发生反射、谐振和过电压等现象，造成电磁干扰。

4.1.2.1 电力线缆中谐波电流的产生

电力线缆中的负载主要分为阻性负载、感性负载和容性负载三类。而且这三类可以线性组合，其组合电流可用式（4-8）表示。

$$i = I\sin(\omega t \pm \phi) \tag{4-8}$$

从式（4-8）可以看出，三类负载组合之后的电流模型还是正弦波，因此所产生的谐波电流可以忽略不计。因为这个特性，现在很多电子产品都经过整流技术的处理，但是即使是采用了整流技术的电子产品，其电流的模拟波形仍与组合电流模型不一样。图4-4是这种电路很经典的一种基于 MATLAB 仿真的电压电流波形[10]。

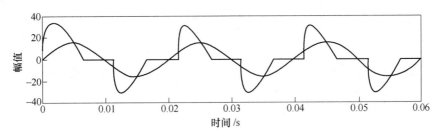

图 4-4 整流电路的电压电流波形

这种电路当且仅当线电压在最大值左右的约 1/4 个周期内电流的值不为零，除此之外，电流一直为零[11]。此类电流观其仿真波形可知，因为其周期和电源周期一样，所以这类电流脉冲中含大量的谐波分量[12]。

4.1.2.2 电力线缆中控制设备开停时产生的浪涌干扰

浪涌干扰是一种比较常见的电磁干扰，其主要产生的原因是矿井下电机控制开关闭合或者断开时导致的。根据参考文献 [13] 中的测量结果，不同情况下的浪涌干扰值见表4-1。

表4-1 不同情况下浪涌干扰值表

测量地点	电压峰值/V	备　注
矿井机巷（绞车启动）	15	并行电力线路为50m
矿井回风巷（钻机启动）	190	并行电力线路为100m
矿井面腰巷（潜水泵启动）	100	并行电力线路为100m

表4-1 只是选取了并行电力线路长度为 100m 左右时的浪涌干扰量值。因为浪涌信号测量难度较大，测量的结果比较离散不易分析，表4-1 中所显示的电压

峰值只是在若干次测量结果下选取的最大值。有研究表明，电力线缆越长，所产生的电磁干扰越大，且两者成一定正方向比例系数关系。假设表 4-1 中的并行电力线缆长度为原表中的 5 ~ 10 倍，相应地，浪涌干扰强度也会增加到表 4-1 中所测量结果的 5 ~ 20 倍之间，在综合多种电力线路的测量结果之后，电力线路所产生的电磁干扰在很多情况下会影响周边包括传感器节点在内的电子器件的正常工作。

在基于对钨矿电动机中的电力线路进行电磁干扰测量之后，参考文献［13］还提供了对不同电压电力线路的电磁干扰场强强度测量，并对数值做出分析。表 4-2 中的数据来源于对 6kV 和 600V 电压电力线路输出端电力线缆电磁干扰场强长度的测量。

表 4-2　离电缆距离远近对干扰电场强度的影响量值

项　目	离电缆距离/cm			
	靠　近	10	20	30
6kV 干扰强度 E_1/V·m^{-1}	820	360	80	40
600V 干扰强度 E_2/V·m^{-1}	850	400	100	50

根据参考文献［13］中得出的结论：动力电缆的工频干扰电场强度离动力电缆越近，干扰越强，如图 4-5 所示。

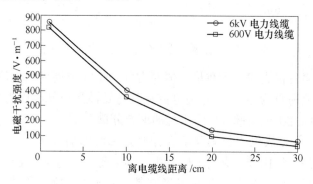

图 4-5　电磁干扰电场强度与电力距离的关系

4.1.3　钨矿电机运行中产生的电磁干扰分析

矿井下巷道错综复杂，各类矿山电机被安置在井下的各个角落，在很多区域电机布置比较密集，电机与电机之间组成一个工作系统[14]，且因为矿山电机工作性质的问题，时开时关的情况比较常见，在这些情形下钨矿井下的电磁干扰问题变得越来越难处理，也越来越不容忽视。要建立矿井下电机车运行中产生的电磁干扰模型，主要是对矿机车运行时产生的谐波干扰进行分析[15]。电机车运行时在其周围形成时变场，计算时间信号需要选择时域分析，电机车运行时的瞬态问题需引入动态模型方法，因此时变场下电机车运行产生的非线性、瞬态问题可以应用场路结合的方程进行分析。为了计算电机车周围产生磁通密度的时间信号，需引入麦克斯韦二维瞬态方程[16]。

A 麦克斯韦二维模型分析

假定该模型的边界为无限大，模型的边界可以看做是无限大边界条件下的球面边界。有限元分析模型表明电机车运动时产生的涡流能够感应形成磁场，由于时变电场能够产生磁场，因此利用麦克斯韦二维方程计算电机车的涡流磁场，场强由式（4-9）求得。

$$\oint_C \boldsymbol{H} \mathrm{d}l = \oint_S \boldsymbol{J} \mathrm{d}s + \frac{\mathrm{d}}{\mathrm{d}t} \oint_C \boldsymbol{D} \mathrm{d}s \tag{4-9}$$

式中，$\boldsymbol{H}$ 为磁场强度矢量，A/m；$\boldsymbol{J}$ 为电流密度矢量，A/m^2；$\boldsymbol{D}$ 为电通密度矢量，C/m^2；C 为电机车与钢轨相切的表面面积，m^2；dl 为沿积分的闭合路径中的长度元；ds 为沿积分的闭合路径中的曲面元；t 为受电弓和接触网分离和接通时间。

B 电机运行过程中的电流激励分析

由于垂直于电机车运行方向的 z 轴在横截面 xy 平面内的电磁场，在 z 轴上场是时变的，但它们却具有相同的结构和求解结果，因此可看做静态场问题进行求解，从而对电机车在井下巷道运行时产生的电压和电流进行唯一定义。电机车在启动过程中，接触网、电机车、轨道和电源网之间重新形成一个完整的回路。而电机车是在受电弓和接触网相连通后才能启动的。这就导致电机车在启停和变换工作电压时会产生较大的电磁干扰问题，而且这个问题无法忽视。受电弓与接触网间瞬态电流 I 的方程[17]如式（4-10）所示：

$$I = \frac{V_s}{R}\left[1 - \exp(Rt/L)\right] + I_0 \exp(-Rt/L) \tag{4-10}$$

$$\begin{cases} R = R_s + R_w + R_m + R_t \\ L = L_s + L_w + L_m \end{cases} \tag{4-11}$$

式中，V_s 为接触网的供电电压；I_0 为电机车的额定电流；R_s、L_s 分别为电源的内阻和内感；R_w、L_w 分别为接触网的电阻和电感；R_m、L_m 分别为电机车所用直流电动机电阻和电感；R_t 为轨道电阻。

C 电机运行过程中的谐波分析

通过对电机车二维空间的磁场的数学模型在 x 和 z 轴方向矢量的场强计算，可进一步求解得到磁通密度。在 x 和 z 轴方向关于时间函数的矢量电磁场可以通过下列方法分别进行求解：先通过对每个测试点上的平均表面积矢量积分，求解得到每个被测点的平均磁通密度，最后求解得到每时间步长（时间间隔）的矢量磁场，平均磁通密度由式（4-12）求解：

$$B_{x,\mathrm{avr}} = \frac{1}{A} \oint_s B_x \mathrm{d}s$$

$$B_{z,\text{avr}} = \frac{1}{A}\oint_s B_z \mathrm{d}s \tag{4-12}$$

式中，$B_{x,\text{avr}}$ 为被测点沿 x 方向的平均磁通密度；$B_{z,\text{avr}}$ 为被测点沿 z 方向的平均磁通密度；B_x、B_z 分别为被测点沿 x 和 z 方向的磁通密度；A 为闭合路径曲面面积。

从而可以求解出每个被测位置关于 x 函数的磁通量。因此在 x 和 z 轴方向关于时间函数的矢量电磁场可以通过傅里叶方程进行求解计算[18]。

为了避免瞬态计算中谐波重叠或叠加，取样时间步长要足够小。假定谐波有一个最大频率 h，f_1 是基准频率，$n = 1$，2，3，$\cdots$，那么取样时间间隔 T_s 为：

$$T_s = 1/[2f_1(h+n)] \tag{4-13}$$

因此，根据电机运行过程中产生的谐波等电磁干扰特性，及所建立的干扰模型，在后续章节中进行仿真分析和具体的抑制措施。

4.2 电磁干扰的传播路径与仿真研究

4.2.1 电磁干扰的传播路径

电磁干扰的主要传播途径有两种：传导干扰和辐射干扰。

传导干扰主要是在电路中形成新的耦合路径造成干扰，并且干扰能进一步传递到其他的一些与电路相连接的设备中去，比如电源和供电网络以及供电网络同源的其他设备。传导干扰的传播一般少不了电路线路的存在，依托线路，传导干扰可以一直传播到很远的地方，因为每个电子设备中都有电子线路等元器件，因此传导干扰占电子设备电磁干扰的绝大多数。电力电子设备的传导干扰有差模干扰和共模干扰之分[19]。

辐射干扰一般是电子元器件在启停过程或工作电流源电压源突然发生变化导致的，因为电子元器件的启停控制开关频率都很大，容易在启停瞬间造成辐射干扰，其中干扰大部分是通过电磁波辐射形式对邻近的电路或设备发生近场耦合，其辐射中带有能量，这些能量会干扰其他电子设备或电路稳定运行[20]。

4.2.2 电力线缆电磁干扰信号的仿真

在钨矿井下，电力线缆之间的谐振以及过电压和浪涌信号的产生，将产生大量的电磁干扰，对井下 WSN 的正常工作产生影响。有研究表明，电力线缆产生的电磁干扰与其长度和电缆之间的距离有关，电力线缆之间的距离就是电磁耦合距离，而电磁干扰强度与分布区域则与电力线缆的长度有关，因此本节主要运用 MATLAB 软件电力线缆干扰信号进行仿真分析。

4.2.2.1 电力线缆长度为 1.5 个单位时干扰信号的仿真

在运用 pde toolbox 仿真过程中，运用控制变量法的原则，按照电力线缆的单位长度和两端电缆之间的距离的不同进行仿真，因为两条电力线缆截面的电流、电压和频率的物理量基本相同，因此在仿真过程中不作说明。仿真过程中选用狄利克雷条件，设置好边界值的参数，在 Plot 菜单中设置颜色 Color、等值线 Contour、角的磁场量线 Arrows、3D 仿真 height，并设置 Contour plot levels 的值为 20。

（1）两电缆之间相距距离为 0.2 个单位。从图 4-6 中可以看出，在两电力线缆周围产生的电磁干扰信号中间高度约为 0.1 个单位的区域，两电力线缆中间的电磁干扰最严重，达到了 0.14，越靠近两电力线缆，电磁干扰强度越弱，从中间往四周递减，电磁干扰强度沿垂直于电力线缆的方向减弱的速度比平行于电力线缆的方向快。

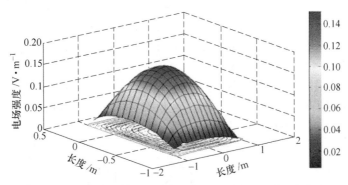

图 4-6　两电力线缆长度为 1.5、相距 0.2 时的电磁干扰立体仿真图

（2）两电力线缆之间相距距离为 0.4 个单位。从图 4-7 中可以看出，与图 4-6 中类似，两电力线缆周围产生的电磁干扰信号中，两电力线缆中间高度约为 0.1 个单位的位置电磁干扰最严重，峰值也是 0.14，电磁干扰强度从电力线缆中心的位置往四周的方向递减，从两个方向的电磁干扰强度下降坡度的角度分析可

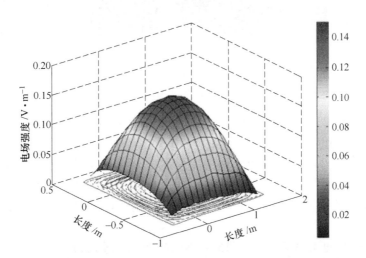

图 4-7　两电力线缆长度为 1.5、相距 0.4 时的电磁干扰立体仿真图

以得出与图 4-6 类似的结论，电磁干扰强度沿着垂直于电力线缆的方向减弱的速度比平行于电力线缆的方向快。与图 4-6 不同的是，两电力线缆之间相距距离为 0.4 个单位，在相同区域，电磁干扰强度下降的比两电力线缆之间相距距离为 0.2 个单位的更慢。

　　（3）两电力线缆之间相距距离为 0.6 个单位。从图 4-8 中可以看出，与图 4-6 和图 4-7 中类似，两电力线缆周围产生的电磁干扰信号中，两电力线缆中间高度约为 0.1 个单位的位置电磁干扰最严重，峰值也是 0.14，电磁干扰强度从电力线缆中心的位置往四周的方向递减，从两个方向的电磁干扰强度下降坡度的角度分析可以得出与图 4-6 类似的结论，电磁干扰强度沿着垂直于电力线缆的方向减弱的速度比平行于电力线缆的方向快。在同区域电磁干扰强度下降速度方面，两电力线缆之间相距距离为 0.6 个单位与两电力线缆之间相距距离为 0.4 个单位相差不大，比两电力线缆之间相距距离为 0.2 个单位下降更慢。但与图 4-6 和图 4-7 相比，因为图 4-6 中两电缆之间相隔距离更大，图 4-8 中两电力线缆之间的电磁干扰强度范围大，但是电磁干扰强度除了在中间区域峰值与图 4-6 和图 4-7 相同之外，单位区域电磁干扰强度更小。

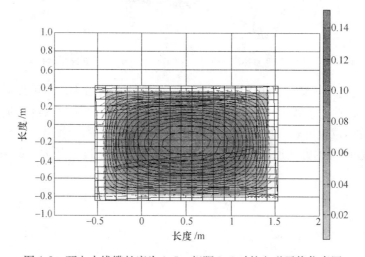

图 4-8　两电力线缆长度为 1.5、相距 0.6 时的电磁干扰仿真图

　　总体来说，当电力线缆长度为 1.5 个单位时，两电力线缆距离对电力线缆周围的电磁干扰强度的影响不大，两电力线缆之间的电磁干扰峰值一般都在两电力线缆中间，电磁干扰的峰值为 0.14，就电力线缆中间区域来讲，两电力线缆距离越小，电力线缆中间的电磁干扰越严重，电力线缆的电磁干扰从两电力线缆中间往四周递减，在垂直于电力线缆之间的方向上减弱的速度比平行于电力线缆的减弱速度要小。

4.2.2.2　电力线缆长度为 15 个单位时干扰信号的仿真

　　从上一节可以看出，当两电力线缆长度为 1.5 个单位时，两电力线缆之间距离发生变化对两电力线缆之间的电磁干扰虽然有影响，但是影响不明显，因此，本节将电力线缆的长度扩大 10 倍，变成 15 个单位长度，并对电力线缆在不同距离下的电磁干扰进行分析。

同样，在 pde tool 中建立电缆电磁干扰模型：分别在指定区域中设置两段长度为 15 个单位的电力线缆，两电缆之间的距离分别为 0.2、0.4、0.6，并对两电力线缆在指定区域所产生的电磁干扰信号进行仿真分析和对比，在此基础上与长度为 1.5 个单位的电力线缆进行对比，分析有何异同。

（1）两电力线缆之间相距 0.2 个单位。从图 4-9 中可以看出，两电力线缆之间电磁干扰强度出现峰值的位置依旧在两电力线缆中间区域，但是却并非两电力线缆的中心位置，而是不均匀地分布在两电力线缆中间，电磁干扰强度峰值为 0.14。同时，两电力线缆电磁干扰强度也是从中间区域往四周不规则减弱。在垂直于电力线缆方向的区域，电磁干扰强度大于 0.8 的区域较多，而在平行于电磁干扰的方向，小于 0.8 的区域较多。

（2）两电力线缆之间相距 0.4 个单位。从图 4-10 中可以观察到，两电力线缆之间电磁干扰强度峰值为 0.12，峰值出现的位置也是不均匀地分布在两电力线缆的中间区域，在平行于电力线缆的方向，电磁干扰强度在边缘位置从峰值 0.12 骤降到 0.02，而在垂直于电力线缆的方向，电磁干扰有梯度地从 0.12 下降至 0.02。因此，在平行于电力线缆的方向上，电磁干扰强度的下降速度比垂直于电力线缆的方向要快。在垂直于电力线缆方向的区域，电磁干扰强度大于 0.6 的区域较多，而在平行于电磁干扰的方向，小于 0.6 的区域较多。

（3）两电力线缆之间相距 0.6 个单位。如图 4-11 所示，两电力线缆之间电磁干扰峰值为 0.12，主要集中在电力线缆中间区域靠近两端的地方，在中间区域电磁干扰值大致在 0.8 左右，呈现了两端高中间低的分布趋势，与图 4-9（a）和（b）相同的是，在垂直电力线缆的方向，电磁干扰强度减弱的速度要比平行于电力线缆的方向弱。与图 4-9（a）和（b）不同的是，在电磁干扰强度分布区域方面，在垂直于电力线缆方向的区域，和在平行于电磁干扰的方向分布面积没有太大差别。

对长度为 15 个单位的两电力线缆因距离不同而产生的电磁干扰强度进行分析，可以发现，当两电缆距离越近时，电磁干扰峰值越大，随着电力线缆距离的增大，电磁干扰强度逐渐下降，图 4-9 的电磁干扰强度为峰值或者接近峰值的区域明显多于图 4-10 和图 4-11，另外，就同一区域而言，电磁干扰下降的趋势和方向以及在特定方向上下降的速度等方面，图 4-9～图 4-11 三者并没有明显的区别。

4.2.2.3 不同长度的电力线缆之间电磁干扰的比较分析

对长度分别为 15 和 1.5 的电力线缆电磁干扰进行比较分析可以得出以下异同点。

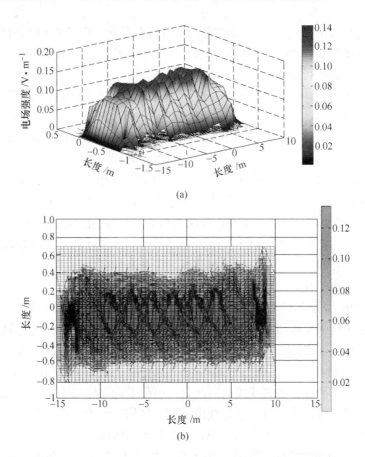

(a)

(b)

图 4-9　两电力线缆长度为 15、相距 0.2 时的电磁干扰仿真图

（a）电磁干扰立体仿真图；（b）电磁干扰平面仿真图

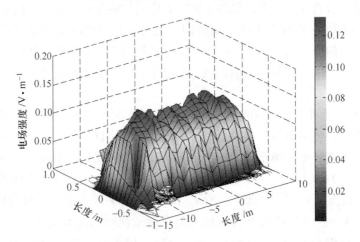

图 4-10　两电力线缆长度为 15、相距 0.4 时的电磁干扰立体仿真图

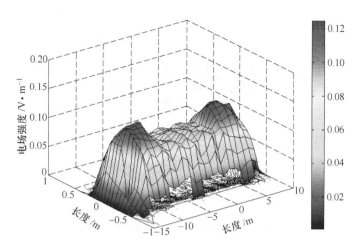

图 4-11　两电力线缆长度为 15、相距 0.6 时的电磁干扰仿真图

相同点：电磁干扰峰值出现区域都在两电力线缆中间区域；电磁干扰强度减弱方向以及趋势基本相同；电磁干扰强度区域分布基本相同。

不同点：电力线缆长度为 15 时，两电力线缆距离增大，所产生的电磁干扰峰值减小；而电力线缆长度为 1.5 时，两电力线缆之间距离的变化所引起的电磁干扰峰值变化不大。电力线缆长度为 15 时，所产生的电磁干扰分布比较不均匀，波动较大；而电力线缆长度为 1.5 时，电磁干扰分布比较均匀。

仿真分析证明，现有的电磁干扰的强度分布与电力线缆的长度和距离均有关。电力线缆长度越长，所辐射的面积也就越大，造成的电磁干扰越强；电力线缆长度较短，造成离电缆较近的区域电磁干扰单点的峰值较大。两电力线缆之间相隔越远，区域电磁干扰则越弱。

4.2.3　钨矿电机自身所产生的电磁干扰分析

电机电磁场计算一般归结为研究泊松方程和拉普拉斯方程这两种偏微分方程的求解，同时还要结合具体问题中的特定的边界条件才能获得唯一解[18]。

4.2.3.1　电机空载时所产生的电磁干扰

电机空载时，选取电机内某齿轮的一个齿间空隙作为仿真对象，虽然齿轮各处的磁导率实际上为非线性分布，但是齿轮中的磁场波动较小，为了使问题简单化分析，假设电机齿轮的磁导率均相同，把其磁场假想成线性分布，基于此种假设在编程和画仿真图方面也变得比较简单。

图 4-12 为电机内部的齿轮间隙电磁场分布平面图。从图中可以看出，电机在空载时，齿轮间隙处的电磁场分布为从中心往四周辐射，其中中心处的电磁场强度最大，在往四周辐射的同时逐渐减弱。电磁场线为逆时针方向。

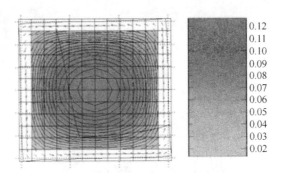

图 4-12　电机内部齿轮间隙电磁场分布

4.2.3.2　不同位置的钨矿电机所产生的电磁干扰分析

有些运输类型的钨矿电机的位置一直在巷道内变化，其运动轨迹在巷道内一直平行于巷道内壁，因此，改变钨矿电机离巷道内壁的远近，仿真分析钨矿电机产生的电磁干扰的异同。设置参数，改变钨矿电机离巷道内壁的距离，分别设置钨矿电机到巷道墙壁的距离为 0.2、0.4、0.6，进行仿真，仿真结果如图 4-13 ~ 图 4-15 所示。对比不同条件下的电磁场分布图有何异同，在进行对比后得出结论。

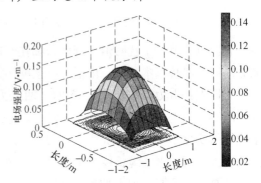

图 4-13　离巷道壁 0.2 时的电磁干扰仿真图

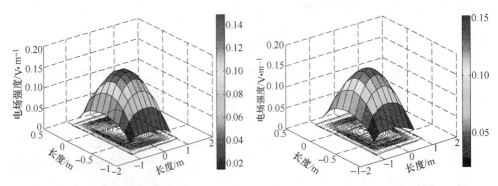

图 4-14　离巷道壁 0.4 时的仿真图　　　图 4-15　离巷道壁 0.6 时的仿真图

从图 4-13 ~ 图 4-15 的对比中可以看出，钨矿电机在钨矿巷道内壁产生的电磁干扰峰值为 0.14 ~ 0.15，其中，空间垂直于电机的方向上电磁干扰较强，然后向四周呈减弱的趋势进行扩散。当钨矿电机离巷道内壁的距离发生变化时，其电磁场分布变化很小甚至可以忽略，因此，可以初步归纳为钨矿电机的位置变化不会影响其自身干扰电磁场的变化。

4.2.3.3 电机内部发动机产生的电磁干扰仿真

如图 4-16 所示，电磁场强度由中心往四周降低，峰值出现在中心区域为 0.06，电磁线为逆时针感应，在接近电机外部壳体的区域，电磁场基本降至零，说明电机内部发动机的电磁干扰在一定程度上只能影响电机内部的运行，无法干扰电机外部的电子设备，当然，电机内部其他电子元器件所产生的电磁干扰是否会影响外部电力设备与电机内部发动机的电磁辐射并不矛盾和冲突。

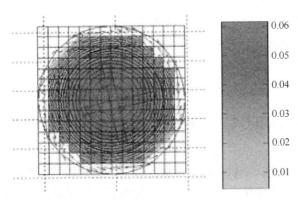

图 4-16 电机内部电磁场分布平面图

4.3 WSN 的电磁干扰抑制措施

4.3.1 电磁干扰屏蔽技术

4.3.1.1 电场屏蔽技术

电场屏蔽就是把电场与电场之间的相互感应等效为多个分布电容之间的传感耦合，并采取措施切断干扰场源与敏感设备之间的感应耦合。应注意以下几点：

（1）屏蔽体与被屏蔽体之间要相互接近，且屏蔽体一定要有良好的接地性能。

（2）屏蔽体的功效受屏蔽体形状的影响较大，因此屏蔽体应尽量做到全密闭形状，提高屏蔽的性能。

（3）屏蔽体导电性能一般都比较好，其性能与屏蔽体的厚薄无关。

4.3.1.2 磁场屏蔽技术

在布置磁场屏蔽时，应注意以下几点：

（1）与电场屏蔽类似，磁场屏蔽的屏蔽体一般应选用磁导性能好的材料。

（2）磁场屏蔽中的屏蔽体要与被屏蔽的电路或者电子元件有一定的距离，

杜绝磁短路的产生。

（3）在选用磁场屏蔽体时，可以选用多层的屏蔽体共同作用，降低磁阻，同时层与层之间必须做到绝缘。

（4）要综合考虑磁场和电场感应，注意是否选择接地。

4.3.1.3　电磁屏蔽技术

电磁屏蔽技术的应用范围比较广，频率从 1kHz ~ 40GHz 之间的电磁都在电磁屏蔽技术的控制区间内。电磁屏蔽技术一般是利用磁感应原理，产生一个相反的电磁场，两者正负相消，达到预期的电磁屏蔽效果。

在布置电磁屏蔽时，应注意以下几点：

（1）一般当频率较高，大致在 1kHz ~ 40GHz 时，电磁屏蔽技术所取得的效果要远好于频率较低时的效果。

（2）相对来讲，电导率越高，材料越适合做电磁屏蔽技术的屏蔽体。

（3）电磁屏蔽的屏蔽体形状宽厚适中即可，其结构参数和导电参数才是主要参考指数。

（4）屏蔽体要良好接地，且要具有良好的导电连续性。

电磁屏蔽技术应用范围比前两种电磁干扰屏蔽技术更广泛，如果要使屏蔽作用最大化，一般选择将屏蔽体的厚度设置在与被屏蔽体的周围的电磁波波长相差不大的范围内，屏蔽体厚度问题也是电磁屏蔽技术效果好坏非常重要的一环。

4.3.2　电磁干扰接地技术

4.3.2.1　接地分类

接地主要分为安全接地、信号接地两类[19]。

（1）安全接地：

1）保护接地，分为接地装置和接零装置，指为保护工作人员安全不受危害的一种装置，一般是杜绝因绝缘性能被破坏而产生的危害。

2）防雷接地，在雷电情况下，建筑物或者用电设备容易将雷电导入对人或财产造成危害，因此发明的防止雷击的一种接地保护装置。

（2）信号接地：

1）悬浮地，悬浮地是指将设备的地线在电气上与安全地及其他导体相隔离。悬浮地能使回路干扰电流无法对接地回路产生影响。在高频比较复杂的电磁环境下，一般不采用悬浮地的方式。

2）单点接地，顾名思义，单点接地是指只提供一个接地点作参考点。单点接地又分为：串联单点接地和并联单点接地。

3）多点接地，同样的，多点接地一般指提供多个接地点以供参考，电子设备或者电路一般都就近选择接地点进行连接。不过多个接地点之间容易相互连接变成多条地线回路，地线回路之间产生的电流和电感容易造成回路干扰，从而影响电子设备或者电路的正常运行。

4）混合接地，混合接地是指将那些只需高频接地的电路、设备使用串联电抗器把它们和接地平面连接起来。当电路的工作频带很宽时，可以采用这种接地方式，它既包括了单点接地的特征，也包括了多点接地的特征。

一般来说，电路的工作频率在 1MHz 以下应采用单点接地方式；频率高于10MHz 时应采用多点接地方式；频率在 1～10MHz 范围内可采用混合接地方式。

4.3.2.2　消除地环路干扰

理想的接地只是一种理论存在，实际并不存在。特别是在组合电路中，多个接地点之间阻抗一直都有，大小不同而已，地面阻抗与地面电流相互作用形成地面电压，低电压与组合电路相互作用就产生了共模干扰电压。而组合电路的每个接地点之间连接形成地环路，共模电压和地环路共同作用将会对周围的无线传感器网络节点和电力电子设备产生电磁干扰。这种干扰被称为地环路干扰，一般通过以下几种方式减弱地环路干扰[20]：隔离变压器；共模扼流圈；光电耦合器。

参 考 文 献

[1] 孙继平，潘涛，田子建. 煤矿井下电磁兼容性探讨 [J]. 煤炭学报，2006，31（3）：378～379.

[2] 魏华雄. SPWM 逆变供电下感应电机谐波分析及仿真 [D]. 哈尔滨：哈尔滨理工大学，2004.

[3] 王丹. 煤矿井下电力电子设备电磁干扰的研究 [D]. 上海：上海交通大学，2009.

[4] Prayati A，Antonopoulos C，Stoyanova T，et al. A modeling approach on the TelosB WSN platform power consumption [J]. Journal of Systems & Software，2010，83（8）：1355～1363.

[5] 燕哲. 浅谈单片机 PWM 原理与实现 [J]. 电子制作，2012（8）：60～61.

[6] 李晓光，苑林，刘博宁. 基于 TMS320F2812 的 PWM 调制的实现 [J]. 电脑知识与技术，2011（8）：17～19.

[7] Abusaimeh H，Yang S H. Dynamic cluster head for lifetime efficiency in WSN [J]. International Journal of Automation & Computing，2009，6（1）：48～54.

[8] 董清，赵远，刘志刚，等. 利用广域测量系统定位大电网中短路故障点的方法 [J]. 中国电机工程学报，2013（31）：31～34.

[9] Gordon C，Cooper C，Senior C A，et al. The simulation of SST，sea ice extents and ocean heat transports in a version of the Hadley Centre coupled model without flux adjustments [J]. Climate Dynamics，2000，16（3）：147～168.

[10] Li N，Huang Y，Feng D，et al. Electromagnetic interference（EMI）shielding of single-walled carbon nanotube epoxy composites. [J]. Nano Letters，2006，6（6）：41～45.

[11] 王敏良. 电视机的谐波电流抑制技术——谐波抑制电感器 [J]. 安全与电磁兼容，2003 (4)：36～38.

[12] 何宏，靳世久，朱先伟，等. 对谐波电流抑制技术的研究 [J]. 天津大学学报（自然科学与工程技术版），2006，39：168～171.

[13] 邹哲强，庄捷，屈世甲. 煤矿井下中低频段电磁干扰测量与分析 [J]. 工矿自动化，2013，39 (5)：1～5.

[14] Eswaraiah V, Ramaprabhu S. Functionalized graphene-PVDF foam composites for EMI shielding [J]. Macromolecular Materials & Engineering, 2011, 296 (10)：94～98.

[15] Rutherford R A, Pullan B R, Isherwood I. Calibration and response of an EMI scanner [J]. Neuroradiology, 1976, 11 (1)：7～13.

[16] 张帆. 煤矿井下电机车电磁干扰问题探讨 [J]. 煤炭科学技术，2009 (4)：88～90.

[17] 孙继平. 矿井监控与通信设备电磁兼容性试验的严酷等级 [J]. 煤炭科学技术，1999，27 (6)：23～24.

[18] 卢晓，姜建国. 煤矿井下复杂电磁环境与电磁干扰特性研究 [J]. 工矿自动化，2007 (6)：64～66.

[19] 潘涛，孙继平，王福增，等. 矿用变频器电磁兼容性分析 [J]. 煤矿机电，2007 (3)：13～15.

[20] 白同云. 电磁兼容设计实践 [M]. 北京：中国电力出版社，2007.

基于 LEACH 算法的 WSN 优化设计与研究

5.1 WSN 路由协议的研究

5.1.1 无线传感器路由协议的概述

路由协议就是把信号从初始节点转发到基站，它主要包括了两个方面的功能：一要找到初始节点到基站最合适的路径；二要在这个链路上让信息无误地传输。WSN 路由协议相比其他的网络路由协议，主要具有以下特点[1]：

（1）能量优先。最初的路由协议在寻找最合适的链路时，并不顾虑能量因素。但是在 WSN 里，因节点能量受限，路由协议设计时的首要目标就是要延长网络的生存周期，所以必须要考虑节点能耗及均衡使用网络的能量问题[2]。

（2）基于局部拓扑信息。因节点带的电源有限导致其数据处理能力较小，使其不可能处理烦琐路由计算。因此想要构成合理的路由就需要完整拓扑数据。

（3）以数据为中心。与传统路由协议相比，WSN 在特别场合需要许多节点一起收集信息。与此同时可将信息稍微处理再传输给基站，而不是任意两节点直接传输信息。

（4）节点部署。在 WSN 里，布置节点有两个方法，即任意布置和确定性布置。任意布置时，信息按规定的方式通信；确定性部署时，要求节点自组织建立通信，数据可进行多跳通信。

（5）基于应用。WSN 能应用到各种不同的环境里，数据通信的方式也不相同。因此，WSN 路由协议与实际场合直接有关，现在没有规范的协议让大家应用。使用路由协议时，使用者应该区别各个环境，使用相应的协议，以使协议更加简单和节约能耗。

5.1.2 无线传感器路由协议的考虑因素

节省能量是 WSN 里第一需要关心的问题。路由协议不但需关注一个节点能耗，而且还要关注整个 WSN 的能耗。只有这样才可使其工作更久。使用 WSN 路由协议需要关注较多，大致可分为以下两种类型：

（1）网络特征。能量消耗是 WSN 中最本质的问题，在设计路由协议时必须要考虑，主要是尽可能少地减少节点的能耗，或保证节点电池消耗速率尽可能地协调一致，以保证整个 WSN 的有效使用寿命。节点部署对路由协议也有影响，无论是随机播撒方式还是人工方式，都要考虑包含许多节点的网络组成的问题，特别是分簇时，要考虑到不同分簇算法所带来的影响。网络拓扑发生变化一般有两个可能，一是节点的移动，二是由于节点能量耗尽或者其他意外情况而失效。

（2）数据传输特征。WSN 的数据采集和传输的方式要求与其他网络不同，所以设计路由协议时要加以区别，其主要考虑数据传输方式、数据融合技术和无线传输手段等[3]。

5.1.3　无线传感器路由协议的分类

鉴于 WSN 特殊性，为其设计独有的路由协议是十分必要的。现在，科研人员已经提出了很多种路由协议，在各种环境下，其需要的功能也各不相同。对于不同的应用环境下的各种路由协议，研究人员根据一些特定的标准对路由协议进行了分类，主要有以下几种分类方法[4]。

根据采用的路径条数可分为单路径路由协议及多路径路由协议[4]。其优缺点见表 5-1。

表 5-1　单路径路由协议和多路径路由协议优缺点对比

路由协议分类	优　缺　点
单路径路由协议	通信数量少，存储空间较少
多路径路由协议	传输路径具有选择性，可以选择最优路径，以节约能耗

从驱动机制的角度可分为按需路由协议、主动式路由协议和混合路由协议。它们的优缺点见表 5-2。

表 5-2　按驱动机制划分的协议的优缺点对比

路由协议分类	优　缺　点
按需路由协议	建立路由时开销较小，只在有数据传输是才要查找路由
主动式路由协议	建立路由时开销较大
混合路由协议	综合以上两种路由协议

根据节点参与通信的方法归类为直接通信路由协议、平面路由协议和层次路由协议。

（1）直接通信路由协议。无线传感器网络节点直接传输信息到目标节点。若 WSN 范围相当大，节点电池就会迅速被耗尽。此外，当节点数增多时，网络中数据冲突就会变得越来越严重，所以这种路由协议在大规模 WSN 中很难应用。

（2）平面路由协议。网络中节点身份都一样，其路由工作就会完全一样。初始节点要向目标节点传输数据信息，中间可用另外的节点转播。靠近目标节点的进行转播的机会更大。所以，靠近目标节点的因转播的时间更多就会更快地耗尽电池。这对于能量受限的 WSN 来说，是一个较大的问题。

（3）层次路由协议。网络中节点被分为多个簇，簇内节点采集的信息传送给簇头，簇头可采用数据融合技术来降低信息传送量，然后簇头再把收集到的信息发送给基站[5]。层次路由拓展性强，节点的电池消耗速度较低；但是，簇头因发送的信息量比其他普通节点发送的要多，能量消耗较大。因此，在协议中可用符合资格的节点轮流充当簇头的方式来均衡能量消耗。

典型的路由协议如图 5-1 所示。

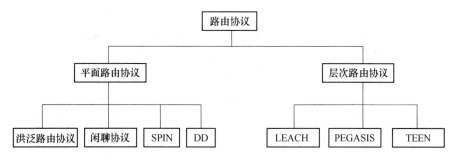

图 5-1　无线传感器路由协议分类

5.1.4　平面路由协议

5.1.4.1　洪泛路由协议和闲聊协议

A　洪泛路由协议

洪泛路由协议（flooding protocol）是最早的路由协议之一，节点接收到消息后用广播的形式发送给其所有邻居节点[6]。

如图 5-2 所示为洪泛协议的过程。如果节点 S 要把信息传输到目标节点 W，那么节点 S 先要把信息传输到节点 L、M、N，然后节点 L、M、N 再把信息发给其相近的节点（O、P、Q），节点 O、P、Q 再把信息发给目标节点 W。

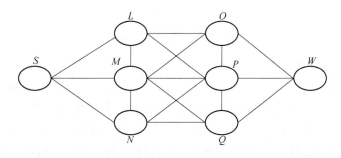

图 5-2　洪泛协议结构

　　当用洪泛协议传送信息时，它仅把其信息发给一个相近节点，然而这有很多不足，由于每一个节点都会得到同样的信息包，以致大量信息相同，出现内爆。在这种情况下会耗费许多不需要的能量，进而加快节点的死亡速度。

　　信息爆炸如图 5-3 所示。在传感器节点 A 传输完数据，节点 H、I、J、K、L 全部可接收这个信息。接着它们再把这个消息发给 Z，以致节点 Z 可接收 5 组同样消息，发生数据爆炸。这当中 4 个数据全部是多余的消息，导致当发送信息时，花费了节点更多的能量，占据了一定存储容量，进一步缩短整个 WSN 生存寿命。

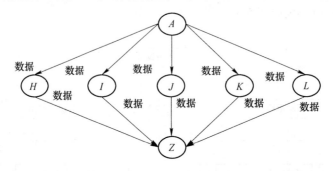

图 5-3　洪泛法的信息爆炸

B　闲聊协议

　　闲聊协议（grossing）[7] 是洪泛法的一个改进版本。为降低能量不必要的花费，闲聊协议引入了随机传输信息的方式。当把信息从初始节点传输到目标节点时，它是把信息副本任意传输给相近的节点。接着，这个节点再用同样的方式，把信息副本任意发给它的相近节点，如图 5-4 所示。

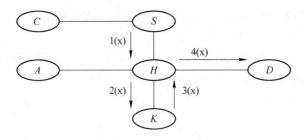

图 5-4　闲聊协议过程

5.1.4.2　SPIN 协议

　　SPIN 协议是（sensor protocols for information via negotiation）一种基于协商机制的，以数据为中心的自适应通信方式，使用了三种类型信息进行通信，分别是 ADV、REQ 和 DATA 信息[8]。当节点要传输 DATA 时候，首要给周围节点传输 ADV。在接受了相对应的 REQ 时候，就向目标传输 DATA。因此，SPIN 协议避免了数据内爆、数据重叠和能量过多消耗的问题。图 5-5 所示是 SPIN 协议的大致处理流程。当还没有传输信息包时,某个节点先要向外部广播信息。若某个无线传感器网络节点得知了 ADV 之后同意接受 DATA 信息,则其就会把请求信息传输给发来的节点。SPIN 协议的缺点是它没有讨论节省能源和多信道下的信息传输。因此,出现了一些针对 SPIN 不足而进行改进的协议,如 SPIN-PP、SPIN-EC、SPIN-BC 和 SPIN-RL 等[9]。

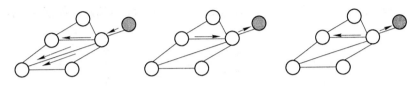

图 5-5 SPIN 协议工作过程

(1) SPIN-PP。它采用点到点通信模式。在两节点发送信息时,假定能稳定可靠地发送并不受影响。节点采用 ADV 的方式把信息传输给邻居节点,有意向的节点就用 REQ 传输信息,接着初始节点就会向有意向的节点传输信息。以相同的方式,该节点又向其相邻节点传输 ADV 信息,这样网络节点都可收到信息。

(2) SPIN-EC。它引入节点的能量控制因子,只有在高于设定值能量的条件下才可进行数据信息传输。

(3) SPIN-BC。它采取广播方式,只要是特定区域内的节点就能收到传输的信息。它可以用一个任意数来避免相同的 REQ 要求。

(4) SPIN-RL。它是 SPIN-BC 的升级版。它可处理通信过程中发生的信息丢失问题。当在接受 ADV 信息一段时间后,还没有请求信息发来,就发射重传申请。当然重新发送申请要设定相应的次数。

5.1.4.3 DD 协议

定向扩散 DD (directed diffusion) 协议[10]是一种以数据位为中心的信息传播协议,它和已有的路由协议算法有着完全不同的实现机制。使用 DD 协议的网络采用依靠属性的方法来标记信息,且采用向节点传输一个标记号来实现信息的采集。在传送标记号途中,特定区域中的节点通过暂缓存储的方式实时监控接到信息的特征和标记数据源的向量等数据,另外唤醒无线传感器网络节点收集和这标记号相关的数据。通过稍微的管理、当地的规章制度和优化算法搭建一个能到目标节点的最优链路。定向扩散协议是通过查寻的方式来实现的。

5.1.5 层次路由协议

5.1.5.1 LEACH 协议

低功耗自适应分簇路由协议 (low energy adaptive clustering hierarchy,LEACH)[11]是 WSN 中最先被提出来的分簇路由协议算法。LEACH 可将整个网络的生存时间延长 15%，其基本的思想是通过随机循环地选择簇头，把整个网络的能量负载平均地分配给每个传感器节点，进而可降低网络的能耗，提高整个网络的生存周期[12]。在 LEACH 里，先任意地让某个节点当簇头，接着簇头发送广播信息，另外的节点依靠接受到的数据强弱挑选进入的簇。簇头通过 TDMA 的机制分给各个簇内的一般节点时间间隙，且传输信息。簇内子节点在规定的时间间隙内向簇头发送信息，最后簇头将处理之后的信息传输给基站，如图 5-6 所示。

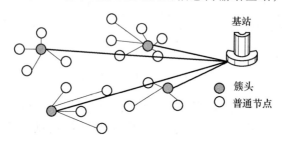

图 5-6　LEACH 网络结构图

5.1.5.2　PEGASIS 协议

高能量有效采集传感器信息系统协议（power efficient gathering in sensor information systems，PEGASIS）[13]是一种在 LEACH 协议的基础上进行改进的路由算法。PEGASIS 协议是选择某个节点当作初始节点，接着构建一个最优化的回路链路，初始节点把进行处理之后的消息传输给基站。它还让所有节点循环当初始节点来均衡所有节点的能耗。

PEGASIS 的模型假设如下：

（1）所有节点都明确其他节点的坐标，它们都可直接向基站传输信息。

（2）传感器节点不能移动。

（3）其他的模型假设与 LEACH 的相同。

它借助贪婪算法构建路由路径，在每一次传输信息前才构建链路。要保证各个节点都能有相邻节点，链路在相距基站最远的地方来搭建。相邻节点之间的距离不断拉长，主要由于已在链路里的节点不可重复接进。链路中邻居节点的距离会逐渐增大，因为已在链路中的节点不能重复被访问。只要里面一个节点不能工作，整个链路必须重组。

该协议使用数据量较少的 Token 令牌的方式进行路由通信，进而可节省能耗。在新循环里，簇头通过采用 Token 来使信息从链路的末端先发送。如图 5-7 所示，Q 当簇头，把 Token 顺着链路传给 O，O 再把数据传到 P，P 又把 O 的信息和它的信息做处理后变成一个同样大小的信息包，接着传给 Q。在此之后，Q 把 To-

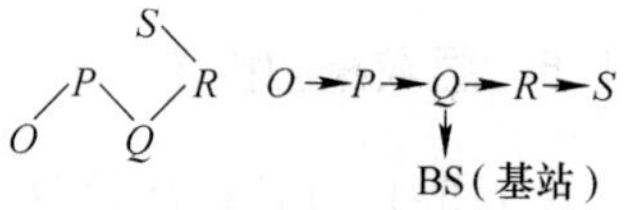

图 5-7　PEGASIS 数据传输
链路的构成

ken 传给 R，并且用相同的方式收集 R 和 S 的数据，Q 将这些信息做处理之后发送给基站。个别节点由于和相邻节点相隔很远而会花费很多的能源，这时可限定阈值来约束这些节点成为簇头。当链路再次构建，这个阈值能变动来再次选举簇头，从而能均衡整个网络的能耗。

因 PEGASIS 里每一个节点是用最小的功率传输信息包，并且有约束地做一些融合处理，从而减少了网络的通信流量，因此，网络的能量开销较少。

5.1.5.3　TEEN

阈值敏感的高效传感器网络协议（threshold sensitive energy efficient sensor network，TEEN），是基于簇群的路由协议，它也是在 LEACH 的基础上发展而来的[14]。该协议定义了软门限和硬门限两个概念。

TEEN 也会建立簇，在成簇时，簇头不仅需要传输信息属性，还要传输硬软门限。其大致的工作过程为，传感器节点持续地检测数据，这时发射机并不工作。当检测的信息比硬门限值大时，节点会给簇头发送通知信息。用节点内的状态变量（state viable，SV）来保存检测的信息。在检测的信息比硬门限值高时，且其减去状态变量之后还大于或等于软门限值时，节点就开始传输信息。硬门限值是由用户自己设置的，因此可降低信息发送次数。若检测的信息与之前的信息差别较小，即可不要给簇头发送信息，这个是安排软门限值的原因，同时信息发送频率也会减少。而且，软门限值可由用户随时改变。低的软门限值可使传输的信息更准确，但同时也增加了能源的花销，所以软门限值应根据具体应用环境来确定。图 5-8 所示为 TEEN 协议的层次结构。

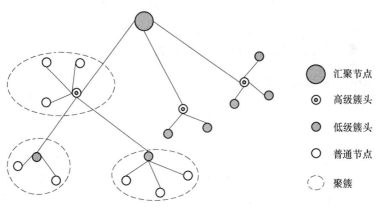

汇聚节点

⊙ 高级簇头

● 低级簇头

○ 普通节点

⌜⌝ 聚簇

图 5-8　TEEN 协议的层次结构

5.1.6　平面路由协议和层次路由协议的比较

依据上面对路由协议的分析得出了以下一些特点：

（1）移动性。平面路由协议的移动性能力十分有限，而在层次路由协议中，基站不能移动，但是各个节点还是可以移动的。

（2）可扩展性。层次路由的簇的形成比较灵活，扩展性要比平面路由好。

（3）能量使用。虽然平面路由采用了很多节省能量的方式，但是其能量消耗不能平均分配给网络中的所有节点。层次路由轮流充当簇头的方法让能源花销更均衡一些。

（4）路由选择。平面路由可选择一条从源节点到基站的最佳路由路径，而层次路由从整体上来看路由相对简单，但其路径并不是最佳的。

（5）开销。簇的构建会增加另外的能耗。另外，在时间次序的编排上，平面路由是按照竞争来编排时间次序，而层次路由则经常按开始分发时间的方法，比如 TDMA 来编排时间次序，这样更加有弹性。

总之，层次路由在节点组织和传输的扩展性等方面要优于平面路由，更加适合大规模的 WSN，是一种比较有潜力的路由方式[15]。

5.2　LEACH 路由协议的分析与改进

5.2.1　LEACH 协议的网络模型

LEACH 采用了分簇拓扑结构，让许多个节点构成一个簇群。节点直接传输信息给簇头，接下来对簇头收集的数据进行处理后，通过单跳的路由方式传输信息给基站。在 LEACH 中提出一些假定条件，主要是以下几条：

（1）传输过程中的传感器节点是相同结构，此外，其能源都是有限的。

（2）节点开始的能源都是一样的，并且能耗也是对等的。

（3）基站和节点的距离很远，且其位置是不变的。

（4）节点都有相当的信号分析和计算功能。

5.2.2　LEACH 协议物理能量模型

LEACH 协议采用第一顺序无线电模型（first order radio model）[16]，图 5-9 所示为其模型图。

节点能源开销主要是在收取和发送信息时，所以研究能源模型对减少节点的能源开销有很大意义。在无线电模型中，信号衰减幅度与数据接受端和发送端的距离 d 有关，能耗通过比较 d 和 d_0 大小关系来计算。而 d_0 计算如式（5-1）所示：

$$d_0 = \sqrt{\frac{\xi_{fs}}{\xi_{mp}}} \tag{5-1}$$

当要传输距离 d 比 d_0 小时，节点传输的能耗和 d^2 成正比，其采用的是自由空间的模型，其中 ξ_{fs} 是自由空间模型的功率放大器的放大倍数；而当要传输的距

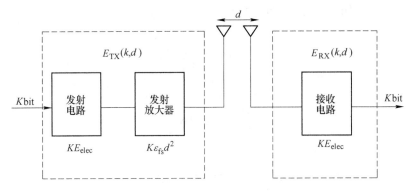

图 5-9 网络信道能量消耗的模型

离 d 大于 d_0 时，节点传输的能耗和 d^4 成正比，其使用多路径衰减模型，ξ_{mp} 是其功率放大器的放大倍数[16]。

5.2.3 LEACH 协议算法的流程

簇头选举不要采取烦琐的过程，最重要的一点是节点在上一轮里不是簇头。开始规定个阈值 $T(n)$，接着网络中的节点任意生成一个 $0 \sim 1$ 的数字，若其大于 $T(n)$ 且节点在上一轮中不是簇头，则这个节点当选为簇头。然后它再向其相邻节传输数据，以便它们可将数据传输到该簇头。$T(n)$ 的计算方法如式（5-2）：

$$T(n) = \begin{cases} \dfrac{p}{1 - p\left(r\bmod \dfrac{1}{p}\right)} & \text{如果} \quad n \in G \\ 0 & \text{否则} \end{cases} \quad (5\text{-}2)$$

式中，r 为现在的轮数；p 为节点里当选簇头所占的比例；n 为传感器网络总节点数量；G 为以前 $1/p$ 轮里没当选簇头的总和。

当 $r = 0$ 时，节点都是 p 的比例当选簇头。在过去 r 轮里当选簇头的，在后 $(1/p - r)$ 轮里就不可再担任，来提高其他节点当选的几率。在 $1/p$ 轮后，节点又可有 p 的几率作簇头，就以此一直进行下去。簇头确定后，它就用一样的功率采用 MAC 向其他发送发射这个信息。这时普通节点依靠其传输到的数据强弱，来挑选所进入的簇群，并且告诉其簇头，这时所有的簇头必须处于接收状态。簇头通过 TDMA 的方法向簇群里每个一般节点配备传输时间间隙。

簇群构成之后，信息发送就可以进行了，这时就是进入了稳定期。节点连续地检测信息，在它们发送信息的时间，用最低的功率发送给簇头。当不要传输信息时，节点可以关闭发射器来节省能源。当所有的信息接受完成之后，簇头需做处理计算，并且把成果传输到基站。进行规定的时间之后，WSN 就开始下一次的传输状态，又要选择簇头。

LEACH 协议的算法流程如图 5-10 所示。

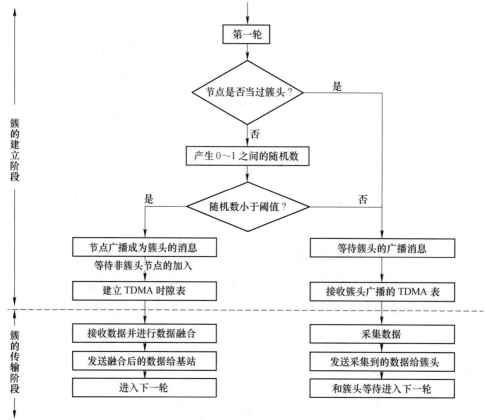

图 5-10   LEACH 协议的算法流程图

5.2.4 LEACH 路由协议的优缺点

经过上面对 LEACH 的探讨可知，其具有以下优点：

（1）LEACH 是分簇路由的一种，其通过簇头和普通节点进行信息传输，这样可让节点的能源开销均匀，节约能耗。

（2）各个节点都可当选为簇头，有较好公平性。

（3）在簇头传输信息给汇聚节点时做了融合处理，降低了一些信息重复，并且也可节约一定的能源。

虽然 LEACH 协议有以上一些优点，但是它也有以下不足：

（1）簇头采用随机选举方式，但是可能出现簇头不是均匀布置，可能都在区域的边界。在这种情况下，一般节点和簇头相距更远，使得发送数据消耗能源较多。如图 5-11 所示，范围 1 的簇头布置比较恰当，簇头处在正中心，可以节约一定的能源[17]；范围 2 就一个簇头，但是它在范围边界，相距大部分节点较远，这样导致在发送信息时会花费很多的能源；范围 3 都是一般节点，那么这个范围内的节点必须发送信息给相邻范围里的簇头，这时花费能源的速度比范围 2 的还快；区域 4 有两个簇头，簇头布置相邻很近，造成了不必要的浪费[18]。

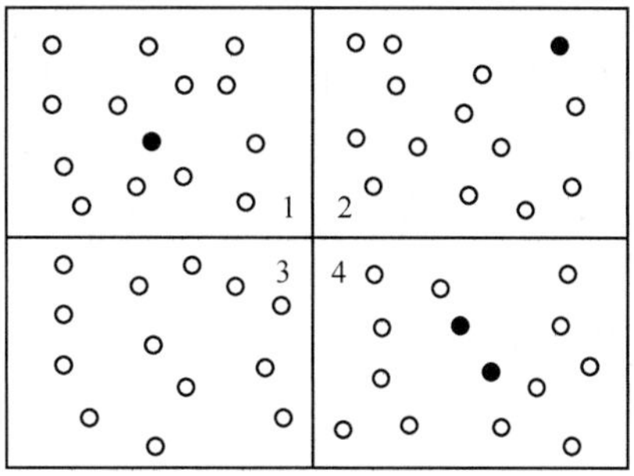

图 5-11　簇头布置不均匀图

（2）在节点运行一段时间之后，每个节点花费的能源并不相同。因簇头传输数据量比普通节点传输的要大，如果让能源剩余较少的节点当作簇头，那它会迅速失效，从而影响整个网络的生存周期[19]。

（3）对于大区域的应用环境，LEACH 协议的适用性大大降低，因为它在整个大区域范围内随机选举簇头，簇头和基站的距离或者普通节点和簇头的距离可能会比较远，这样会因数据传输的距离较远而使节点迅速死亡，从而使 WSN 的生存寿命迅速降低。

5.2.5　LEACH 的改进

综合以上对 LEACH 的分析，提出一种在大区域监控范围内改进的 LEACH 算法，称为 LF-LEACH（large field LEACH）。

（1）大区域范围的细分。针对大区域范围的应用环境，首先把较大的区域范围分成几个较小的区域范围，然后在较小的区域范围下采用 LEACH 协议进行数据传输，每个单独较小区域范围可自主地把信息发送到基站。

（2）较小区域范围的节点部署。在大区域的应用环境下，整个网络部署的监测节点会比较多，这样在每个较小的区域范围内，可减少节点的部署，这样可使用较少的节点，从而节约能源，并保证了在 WSN 范围内节点布置更加匀称。

（3）区域内最优簇头数。要得到区域内最优的簇头数，首先假定在 $a \times a$ 的区域内部署 n 个节点，假设其中簇头数为 c，进而决定在该区域内共有 c 个簇群，并认为节点均匀分布，则每个簇群中普通节点的个数为 $n/c - 1$。现对簇头与一般节点做能量消耗分析。簇头消耗的能源如式（5-3）、式（5-4）所示：

$$E_{CH} = kE_{elec}(n/c - 1) + kE_{DA}n/c + kE_{elec} + k\xi_{mp}d^4 \tag{5-3}$$

或
$$E_{CH} = kE_{elec}(n/c - 1) + kE_{DA}n/c + kE_{elec} + k\xi_{fs}d^2 \tag{5-4}$$

一般节点的能源开销如式（5-5）、式（5-6）所示：

$$E_{NOM} = kE_{elec} + k\xi_{mp}d^4 \tag{5-5}$$

或

$$E_{NOM} = kE_{elec} + k\xi_{fs}d^2 \tag{5-6}$$

那么，总的能量消耗如式（5-7）所示：

$$E = cE_{CH} + (n - c)E_{NOM} \tag{5-7}$$

因在大区域范围的应用环境下，簇头离基站一般都比较远，故采用多路径衰减空间模型；而簇内节点和簇头的距离一般相对比较近，故使用自由空间模型。所以可得到网络的总的能量消耗为：

$$E = kE_{elec}n + kE_{DA}n + ckE_{elec} + ck\xi_{mp}d_{toBS}^4 + nkE_{elec} + n\xi_{fs}\frac{1}{2\pi}\frac{a^2}{c} \tag{5-8}$$

通过让总的能量消耗对簇头数量 c 求取导数，并令其为零，即可得式（5-9）：

$$c = \sqrt{\frac{n}{2\pi}} \times d_0 \times \frac{a}{d_{toBS}^2} \tag{5-9}$$

通过以上公式即可计算出监测区域内最优簇头数，使网络总能量消耗最小[17]。

（4）簇头选举优化。节点是否做簇头依靠其发出的任意数能否比设定阈值还小。在新算法中，簇头的选举式子中加入剩余能量的影响因子 $T(n)$：

$$T(n) = \begin{cases} \dfrac{p \times Q}{1 - p\left(r\,\mathrm{mod}\,\dfrac{1}{p}\right)} & \text{如果} \quad n \in G \\[4mm] 0 & \text{否则} \end{cases} \tag{5-10}$$

其中，加入了影响因子，其表达式如式（5-11）所示：

$$Q = \sqrt{\frac{E_C(r) + 1}{E_0(r) + 1}} \tag{5-11}$$

式中，p 为节点做簇头的几率，采用 LEACH 优化后的簇头数；r 为现在的轮数；G 是没做过簇头的总和；$E_C(r)$ 为第 r 轮时节点剩下的能源；$E_0(r)$ 为节点最初能源。

这样在相同条件下，当节点结余能源越多时，它做簇头的机会就越大，进而不让剩余能源小的节点因为当选簇头而迅速失效，让网络存活周期更久。

5.3　改进的 LEACH 路由协议的仿真

5.3.1　节点部署仿真对比

5.3.1.1　LEACH 算法节点部署仿真

在 1000m×1000m 范围内任意部署 2000 个节点，设定基站的坐标为（500，500），图 5-12 所示为其随机部署图。

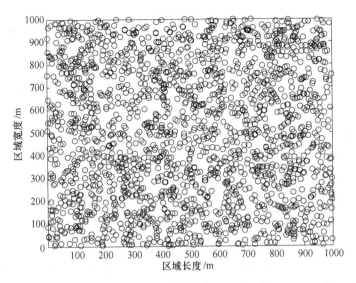

图 5-12 LEACH 算法区域节点部署图

5.3.1.2 LF-LEACH 协议算法节点部署仿真

把 1000m×1000m 的大范围均匀划分为一百块 100m×100m 的小范围，然后在其中任意部署 20 个节点，基站坐标为（500，500），图 5-13 为节点的随机部署图。

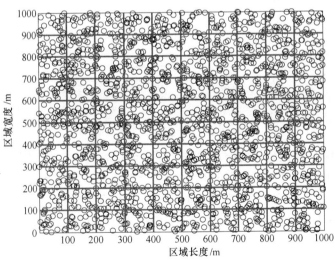

图 5-13 LF-LEACH 算法区域节点部署图

5.3.2 网络的性能仿真结果分析对比

LEACH 中所使用的网络参数见表 5-3[20]。

表 5-3　LEACH 协议仿真的参数

仿 真 参 数	数 值
网络区域大小/m × m	1000 × 1000
基站的坐标	(500, 500)
区域中节点的个数	2000
节点的初始能量/J	0.5
收发 1bit 数据的能耗 $E_{elec}/nJ \cdot bit^{-1}$	50
自由空间功率放大倍数 $\xi_{fs}/pJ \cdot (bit \cdot m^2)^{-1}$	10
衰减空间功率放大倍数 $\xi_{amp}/pJ \cdot (bit \cdot m^2)^{-1}$	0.0013
融合 1bit 数据的能耗 $E_{df}/nJ \cdot bit^{-1}$	5

5.3.2.1　整个网络的生存周期对比

对 LEACH 与 LF-LEACH 在生存时间上做了仿真对比。由于路由协议的生存时间可表现其持久性，因此非常有必要在它们的存活节点数目上进行比较。存活节点数目越多表明节点的生存时间越久。图 5-14 所示为网络生存周期的比较。

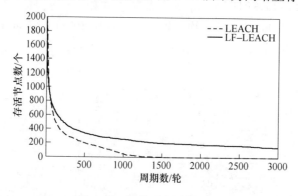

图 5-14　网络生存周期对比

由图 5-14 中横向坐标是循环次数，纵向坐标是整个网络剩下活着节点数目可以看出，LEACH 路由协议在 1118 轮时整个网络的节点已经都死亡了，而改进后的 LF-LEACH 路由协议在 3000 轮时还有近 129 个节点存活，可继续传输数据到基站。LF-LEACH 的节点失效速率比 LEACH 的慢很多，生存周期提高了 168%。

5.3.2.2　整个网络的剩余能量对比

LF-LEACH 路由协议采用区域划分的方法，它所剩下的能源必然比 LEACH 的丰富。图 5-15 所示为这两个协议的剩余能量对比。

在图 5-15 中，横向坐标是节点所经历的轮数，纵向坐标是整个网络剩余能量。1118 轮时，LEACH 的剩余能源已为零，而 LF-LEACH 的能量还剩 72.964J。

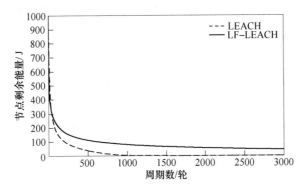

图 5-15　网络剩余能量对比

因此，在 1118 轮时，网络剩余能量提高了 7.2%。

5.3.2.3　节点的数据传输量之比

改进之后的 LF-LEACH 路由协议保证了网络的剩余能量比 LEACH 协议更高，那么节点的数据传输量也必然比 LEACH 协议要多得多，如图 5-16 是这两个路由协议的信息发送量的比较。图 5-16 中，横向坐标是节点所经历的轮数，纵向坐标是节点的数据传输量。随着循环轮数的增加，在数据传输量方面，LF-LEACH 协议的数据传输量可提高 105%。

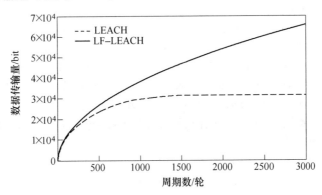

图 5-16　数据传输量对比

参 考 文 献

[1] 刘伟荣，何云. 物联网与 WSN [M]. 北京：电子工业出版社，2013：2~11.

[2] 徐平平，刘昊，褚宏云. WSN [M]. 北京：电子工业出版社，2013：121~132.

[3] Paolo S. Topology control in wireless ad hoc and sensor networks [J]. ACM Comp Surveys, 2005, 37 (2)：164~194.

［4］ 唐勇，周明天，张欣. 无线传感器路由协议研究进展［J］. 软件学报，2006，17（3）：410～421.

［5］ 邹燕，孙献璞，金华峰，等. 一种网关辅助的渐进式分簇路由算法［J］. 电子科技，2007，8：42～46.

［6］ 李芳敏，刘新华，旷海兰. WSN 中一种高能效低延时的洪泛算法研究［J］. 通信学报，2007，8：46～53.

［7］ Haas Z J，Halpem J Y，Li L. Gossip-based ad hoc routing［C］//Proceedings of the IEEE Info-com. IEEE Communications Society，2002：1707～1716.

［8］ 谢锐兵，郭淑华. WSN 路由协议的分析研究［J］. 电脑知识与技术，2011，33（7）：8170～8174.

［9］ Intanagonwiwat C，Govindan R，Estrin D，et al. Directed diffusion for wireless sensor networ-king［J］. IEEE/ACM Transaction on Networking，2003，11（1）：2～16.

［10］ Intanagonwiwat C，Govindan R，Estrin D. Directed diffusion：A scalable and robust communi-cation paradigm for sensor networks［C］//Proceedings of the ACM Mobi Com，MA，2000：56～57.

［11］ Heinzelman W，Chandrakasan A，Balakrishnan H. Energy efficient communication Protocol for micro sensor networks［J］. IEEE，Computer Society，2002：3005～3014.

［12］ Heinzelman W，Chandrakasan A，Hari Balakrishnan. An application-specific protocol architec-ture for wireless micro sensor networks［J］. IEEE Trans on Wireless Communication，2002，1（4）：660～670.

［13］ Lindsey S，Raghavenda C S. PEGASIS：Power-efficient gathering in sensor information systems［C］//Proceeding of the IEEO Aero space conference. IEEE Press，2002：1125～1130.

［14］ Manjeshwar A，Agrawal D P. TEEN：A protocol for enhanced efficiency in wireless sensor net-works［C］//International Proceedings of the 15m Parallel and Distributed Processing Symposi-um. San Francisco，IEEE Inc.，2001：2009～2015.

［15］ 赵强利，蒋艳凰，徐明. WSN 路由协议的分析与比较［J］. 计算机科学，2009，36（2）：35～41.

［16］ Hou Y T，Shi Y，Sherali H D，et al. On energy provisioning and relay node placement for wireless sensor networks［J］. IEEE Trans on Wireless Communication，2005，4（5）：2579～2590.

［17］ 付云虹，李尹. LEACH 协议的簇首多跳与选择优化［J］. 湖南大学学报（自然科学版），2015，42（2）：121～125.

［18］ 李银银. WSN 中 leach 路由协议的研究与改进［D］. 合肥：安徽大学，2014：46～47.

［19］ Shinsuke Hara，Hiroyuki Yomo，Petar Popovski，et al. New paradigms in wireless communica-tion systems［J］. Wireless Personal Communications，2006，37：3～4.

［20］ 黄学毛. 巨型网络的路由设计及协议选择［J］. 计算机时代，2003，10：11～12.

6 WSN 的路径优化算法设计与研究

6.1 典型的无线传感器网络节点部署算法及优缺点

6.1.1 基于网格的节点配置算法

基于网格的节点配置算法[1]是静态部署方法之一。考虑无线传感器网络节点以及目标节点都是网格配置的方式，节点的覆盖情况采用"0/1"模型，以能量矢量表示格点部署的覆盖效果。如图 6-1 所示，其中各个格点都可被至少一个无线传感器网络节点覆盖时，就可以说监测区域被网络充分覆盖。如格点位置 8 的能量矢量为"（0，0，1，1，0，0）"。通常采取提高定位精确性的方式来弥补因网络资源不足所致的部分格点没有被识别的问题。定位问题中的错误距离是评价定位精确度的最直观的指标，其值越小，节点部署情况越良好。

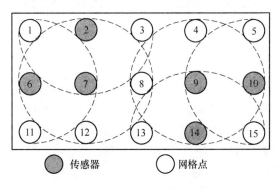

图 6-1　区域完全覆盖示意图

针对上述问题，有学者设计了基于模拟退火算法的算法来使距离误差的值最优化。假设初始时每个格点上都有无线传感器网络节点部署。若条件有限而无法满足这个条件，就循环执行如下步骤：先删除一个节点，再对网络进行配置评估。倘若变更之后的网络未能达到检测要求，就将此节点换至区域中其他随机地点再次评估。如此循环，最终选取最优位置。最后改进算法停止执行。

优点：（1）算法结果表明，与采用随机配置的方法比较，该算法效率更高，达到全面覆盖所耗成本更低，且鲁棒性、扩展性都更强。（2）可以用于不规则的监测区域。

缺点：（1）这种基于网格的部署方式无法突出网络的拓扑特点。（2）仅适用于同构网络,对异构网络的部署不具备指导性。

6.1.2　采用轮换活跃/睡眠节点的节点部署协议

轮换"活跃"和"睡眠"节点的节点部署方式[2]可有效延长节点寿命,从而延长网络寿命。这种部署方法运用周期工作的节点工作方式,每周期由一个休眠阶段和一个工作时段组成。在休眠阶段,无线传感器网络节点会事先向其通信范围内的其他节点发送广播,发送的内容中包括此节点 ID 和地理位置信息。节点在进入休眠之前会首先确定其通信范围内有其他节点可以代替其工作,得到肯定的反馈后进入休眠,由替补节点继续工作。当两个节点同时感应自身工作可被对方替代进行而同时休眠时就会形成监测漏洞,如图 6-2 所示。

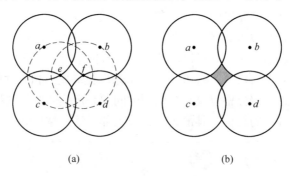

(a)　　　　　　　　　　　　(b)

图 6-2　网络中出现的"盲点"

在图 6-2(a)中,节点 e 与 f 的监测工作均可被其邻居节点完全替代,当 e 和 f 同时休眠时,监测区域中就出现了如图 6-2(b)所示的没有被网络覆盖的监测盲点。所以在节点休眠之前的检查环节,应当采取某种机制避免盲点的出现。每个节点在开始检查之前应有一段随机长度的时间间隔,以此避免两个节点同时休眠。这个时间间隔的长度可依据所处区域节点的疏密进行调整,这样可控制工作状态节点的密度[3]。这个规避机制建立在 LEACH 分簇协议基础之上,并有仿真证明:网络的平均寿命比 LEACH 分簇协议延长了 1.7 倍。

优点:(1)充分保障了监测区域的覆盖度;(2)在不影响网络服务质量的条件下,实现了节点冗余的控制;(3)有效延长了网络的使用寿命;(4)仿真实验表明,这种机制对于 WSN 中容易出现的一些小错误,如包丢失、位置不精确等,有一定的鲁棒性,不影响对监测区域的覆盖质量。

缺点:(1)这种机制必须事先对节点进行部署,并且对网络的时间同步性要求较高,所以该机制实现成本较高;(2)监测区域边界附近的节点往往难以得到休眠;(3)这种机制仅仅只适于节点覆盖模型为圆形的 WSN;(4)需要结合对监测区域的覆盖度来决定工作节点密度。

6.1.3 暴露穿越节点部署模型

利用目标暴露（target exposure）模型进行无线传感器网络节点部署时应当将时间和对感知对象的感应强度两方面综合考虑，这样才能更加适合实际中感应强度随着感知目标穿过网络的过程而增大的情形。将某个节点 S 的感应模型定义为：

$$S(s,p) = \lambda/[d(s,p)]^k$$

式中，p 为感知目标；λ 和 k 为正值常数，二者都是网络经验参数。

该算法研究者提出了一种利用数值计算的方式近似寻找"最小暴露路径"：先将 WSN 划分为网格形式，假定暴露路径可能是网格的对角线或者是网格的边；然后对每一条路径进行赋权；最后利用迪杰斯特拉（Dijkstra）算法，对模拟出的有权图寻找到近似的最小暴露路径。

优点：（1）暴露节点模型针对物体穿越监测区域的情况，更加贴合实际；（2）该算法属于分部式算法，这种算法在不知晓整个无线传感器网络节点部署的情况下，依然可以有效执行；（3）用户可根据需要对 WSN 的感应强度进行自定义，从而达到用户想要的精度要求。

缺点：（1）要求精度过高时，算法的复杂度也会急剧增加，运算时间会过长，所以在算法精度以及运行时间这两方面设计者应权衡利弊，不能两全；（2）该算法的环境模型过于理想，没有涉及障碍物以及节点本身障碍方面可能对网络产生的影响。

6.1.4 圆周节点部署算法

Huang 从决策问题的角度来考虑随机节点部署中的圆周覆盖模型[4]：在监测区域中部署一组无线传感器网络节点，看看目标区域的节点部署是否可以实现 k 覆盖，即监测区域的任何一部分都至少被 k 个无线传感器网络节点覆盖。该算法研究者考虑到每个无线传感器网络节点覆盖的圆周会有重叠现象，于是利用相邻节点来确认是否某特定无线传感器网络节点覆盖圆周得到了覆盖，如图 6-3 所示。

该算法可以用分布式的方式实现：无线传感器网络节点 S 事先判断自己的感知区域被其他相邻节点的覆盖情况，如图 6-3（a）所示，3 段圆周 $[0, a]$，$[b, c]$，$[d, \pi]$ 在三个相邻节点的覆盖区域内。然后将这个结果按顺序记录在相应区间内，如图 6-3（b）所示，如此一来便得知该节点圆周覆盖状况：$[0, b]$ 段为 1，$[b, a]$ 段为 2，$[a, d]$ 段为 1，$[d, c]$ 段为 2，$[c, \pi]$ 段为 1。有 WSN 研究者指出"某个无线传感器网络节点所覆盖区域被其相邻节点充分覆盖，这种情况与该节点的覆盖圆周被其相邻节点充分覆盖的情况是等价的"。这

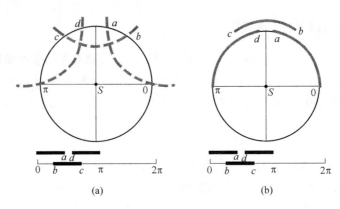

图 6-3　无线传感器网络节点 S 圆周的覆盖情况

种算法不仅适用于覆盖模型为圆形的 WSN，还适用于覆盖模型为不规则形状的 WSN。

优点：（1）这种算法不仅适用于覆盖模型为圆形的 WSN，还适用于覆盖模型为不规则形状的网络，适用范围更广；（2）采用分布式的算法形式，其通信、计算等负担相对较轻；（3）算法不仅适用于二维的 WSN，三维网络的情况下该算法也是可以使用的。

缺点：（1）此算法仅涉及监测区域内节点的部署情况，考虑不够全面，不能反映网络中各个点被无线传感器网络节点覆盖的情况；（2）缺少相关算法，在此基础上对网络的覆盖度进行更深的优化。

6.1.5　连通无线传感器网络节点部署算法

Gupta 设计的算法是：为得到最好的对监测区域的覆盖，采用选择连通的无线传感器网络节点路径的方法[5]。WSN 控制中心向 WSN 下达监测有效区域查询的指令时，该算法会选择一个个数最少的相互连通的无线传感器网络节点组合，使之充分覆盖要监测的区域。Gupta 设计了集中与分布式两种不同的贪婪算法。倘若已选中的无线传感器网络节点构成集合 M，那么全部节点作全集，补集中与 M 有公共监测区域的节点作为候选节点。集中式算法的 M 是在所有节点中随机抽取一部分构成，然后选择一个由初始节点到备用节点之间的能够覆盖最多区域的路径。再把这条路径上的无线传感器网络节点补充至 M 中，直到 M 中节点可以对监测区域进行完全覆盖时停止算法。图 6-4 所示为该算法执行方式。如图 6-4（a）所示，贪婪算法将最终选择路径 P_2，进而网络变成图 6-4（b）中所示，之所以会做出这样的选择，是因为在备用节点中选择这一路径可以使网络覆盖面积更大。

针对此问题的另一种算法是分布式贪婪算法，其执行过程是：从 M 集合中

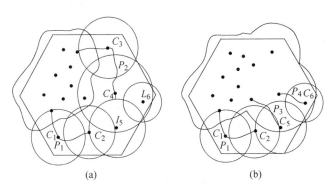

图 6-4　连通传感器覆盖的贪婪算法

最近加入的备用节点开始，在某一固定范围内以跳跃方式发送查找候选路径的信息；收到查找候选路径广播消息的无线传感器网络节点若经上述规则判定后满足备用节点的要求，那么该节点将会给广播节点发送一个响应消息；发出广播的节点将会根据收到的回馈信息，在可用的备用节点中找一个可将监测区域最大化的节点作为最新加入 M 的节点；算法依据上述规则循环执行，当 M 中的无线传感器网络节点可以将监测区域充分覆盖时，算法停止。

优点：（1）此算法对于监测区域的形状具有较高适用性，不仅可以用于规则形状区域，还可对任意凸形区域进行监测。（2）分为集中式和分布式两种类型，根据实际需要进行选择，具有较好灵活性。（3）该部署算法不仅仅考虑到网络的连通性、覆盖性，还可以节约网络资源，利用冗余节点充分延长整个网络的寿命。

缺点：（1）尽管本算法考虑了部署会对网络造成各种影响，但无法保证搜索候选路径时返回结果精度。（2）没有考虑到数据传输干扰问题以及数据丢失问题。

除了以上介绍的几种部署算法外，还有最坏与最佳情况节点部署算法[6]、基于菱形网格的部署算法等。

6.2　路径优化算法研究

6.2.1　迪杰斯特拉算法

6.2.1.1　迪杰斯特拉算法概述

迪杰斯特拉算法（Dijkstra's algorithm）是荷兰科学家迪杰斯特拉在 1959 年提出的求解最短路径的一种算法（见图 6-5）。这种算法用来解决有向图中寻找从某一顶点到其他顶点的最短路径的问题。它的突出特点是从某一起始点开始，不断向外扩展直至终点结束。迪杰斯特拉算法是图论中的典型算法之一，很有代表性[7～10]。

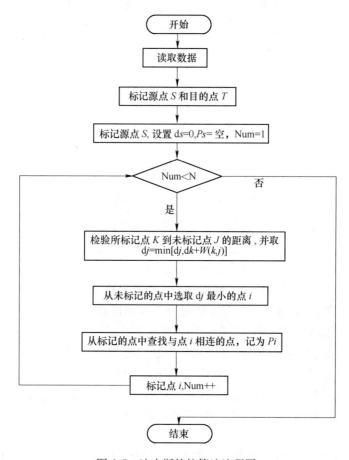

图 6-5 迪杰斯特拉算法流程图

迪杰斯特拉算法最典型的应用是在无向图 $G = (V, E)$ 中假定每条边 $E[i]$ 的权值（长度）为 $w[i]$，找到图中由指定的一个顶点 V_0 到其他所有点的最短距离。

6.2.1.2 迪杰斯特拉算法思想与实现步骤

按路径长度递增次序产生算法，把顶点集合 V 分成两组：

(1) S：已求出最短路径的顶点集合（开始时仅有指定顶点 V_0）。

(2) $V - S = T$：尚未确定的顶点集合。

把 T 中的点按升序依次加入到 S 中，同时要符合以下条件：

(1) 从 V_0 到其余各点的路径长度都小于或等于从 V_0 到集合 T 中任一顶点路径长度；

(2) 每一 S 中的顶点都有一个路径长度值与之对应。

S 中顶点：从 V_0 到此顶点长度；T 中顶点：从 V_0 到 T 中顶点的最短路径经

过 S 中的点。依据：可以证明 V_0 到 T 中顶点 V_k 的路径的长度；或证明从 V_0 经过 S 内的点到 V_k 的路径权值之和。

算法步骤如下：

（1）初始时定义：$S = \{V_0\}$，$T = V - S = \{其余顶点\}$，T 中顶点对应的距离值。若存在 $< V_0,\ V_i >$，$d\ (V_0,\ V_i)$ 为 $< V_0,\ V_i >$ 弧上的权值；若不存在 $< V_0,\ V_i >$，$d\ (V_0,\ V_i)$ 为∞。

（2）从 T 中筛选出与 S 中顶点相连通而且该边权值最小的顶点 W 并将其添加到点集 S 里。

（3）更新 T 中余下点的距离：若 W 作中间点时，从源点到下一个点的距离变短，那么更新这个距离值。重复步骤（2）和（3）直至 S 中包括所有的顶点，即 $W = V_i$，算法结束。

迪杰斯特拉算法举例说明：如图 6-6 所示，设 A 为源点，求 A 到其他各顶点（B、C、D、E、F）的最短路径。线上所标注为相邻线段之间的距离，即权值（注：此图为随意所画，其相邻顶点间的距离与图中的目视长度不能一一对等）。

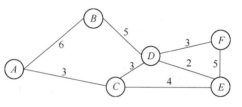

图 6-6　迪杰斯特拉算法举例

6.2.1.3　迪杰斯特拉算法优缺点分析

优点：迪杰斯特拉算法简明，可以得到最优解。

缺点：效率较低，很多时候不需要图中所有点最优解。运算占用空间较大。

对于本章研究内容而言，迪杰斯特拉算法可作为对路径进行初始优化的算法。

6.2.2　Floyd 算法

6.2.2.1　Floyd 算法概述

Floyd 算法俗称插点法，可用作搜寻给定赋权图中点到点之间最短路径的动态规划算法。该算法以罗伯特·弗洛伊德命名，他是 1978 年的图灵奖得主、美国斯坦福大学教授，著名计算机学科学家。

6.2.2.2　算法解决的问题

利用一个赋权图的权值矩阵来找出图中每两个点之间最短的路径[11]。

6.2.2.3　Floyd 算法实现步骤

（1）从任意一条单边路径开始。权值就是两个点之间的间距长度，规定不连通的两点之间权值为无穷大。

（2）对于任意两点 u 与 v，找到从 u 到 w 比 u 到 v 更短的点并更新这个点。

将图用邻接矩阵形式表示，令这个矩阵为 G。若是从 V_i 到 V_j 是连通的，则 $G[i, j] = d$，d 为这个路径的总长；否则规定 $G[i, j]$ 为无穷大。用一个矩阵记录所有插入点的相关信息，集合 $D[i, j]$ 包含了 V_i 到 V_j 间中途路径的点。将插点后的距离与插点前的距离相比，令 $G[i, j] = \min(G[i, j], G[i, k] + G[k, j])$，如果 $G[i, j]$ 的值变小，则 $D[i, j] = k$。两点间最短路径信息保存在 G 中，最短通路信息保存在 D 中。

比如，若想要寻找如图 6-7 中从 V_5 到 V_1 的路径。根据 D，假如 $D(5, 1) = 3$，则说明从 V_5 到 V_1 经过 V_3，路径为 $\{V_5, V_3, V_1\}$，如果 $D(5, 3) = 3$，说明 V_5 与 V_3 直接相连，如果 $D(3, 1) = 1$，说明 V_3 与 V_1 直接相连。

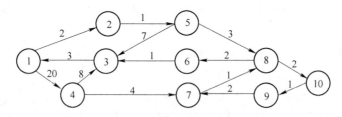

图 6-7　Floyd 算法举例

6.2.2.4　优缺点分析

优点：算法思想易于理解，可以得到任意两点间的最短距离与路径，且代码易于编写。

缺点：时间复杂度相对较高，不适于复杂场合。

对于本章研究内容而言，Floyd 算法也可作为路径初始优化算法，但由于 Floyd 算法时间复杂度较高，故选用迪杰斯特拉算法，对路径进行初始优化。

6.2.3　智能算法：蚁群算法

蚁群算法在研究初期是用于解决旅行商（TSP）问题，如今，蚁群算法不断发展，慢慢被应用到各个领域，例如图的着色问题[12]、大规模集成电路设计以及负载均衡[13]、车辆调度[14]等。蚁群算法被成功运用到很多领域，组合优化是蚁群算法最为成功的运用[15]。

蚁群算法是具有自组织特性的智能算法。从本质上来说，是一种并行的算法。其突出特点是它的正反馈性。它的鲁棒性较好。

6.3　路径优化算法仿真研究

6.3.1　环境模型的建立

本章设置环境模型为 $200\text{m} \times 200\text{m}$ 方形区域，在区域内设置四块不规则多边形障碍物，用灰色阴影表示。监测区域为空白部分，为 WSN 的节点部署区域。

在环境模型中设置源节点为 S，坐标为（20，180）。设置目标节点为 T，目标节点为（160，90）。

障碍物一的顶点坐标分别为（40，140；60，160；100，140；60，120）；障碍物二的顶点坐标分别为（50，30；30，40；80，80；100，40）；障碍物三的顶点坐标分别为（120，40；140，100；180，170；165，180）；障碍物四的顶点坐标分别为（120，40；170，40；140，80）；路径优化整体流程如图 6-8 所示。

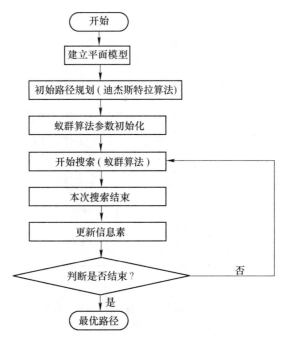

图 6-8 路径优化算法流程

6.3.2 初始路径优化

对环境进行如图 6-9 所示的划分，提取划分线上的 20 个中点作为初始路径规划的节点位置，分别设为 V1 ~ V20，从而将路径优化问题抽象为图论中带权无向图的最短路径问题。

将环境抽象为 22 个点组成的带权无向图，利用迪杰斯特拉算法从起点 S 到终点 T 搜寻最短路径。寻找到的次优路径如图 6-10 所示。图 6-10 中黑色实线为无线传感器网络节点部署的可行路径。经过迪杰斯特拉算法对路径进行规划后，得到最短路径为 $S{\rightarrow}V8{\rightarrow}V7{\rightarrow}V6{\rightarrow}V12{\rightarrow}V13{\rightarrow}V11{\rightarrow}T$，如图 6-10 中粗虚线所示。

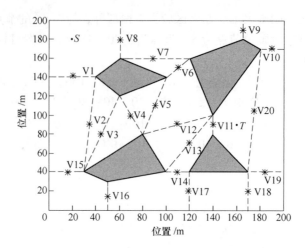

图 6-9　环境划分与初始节点设置

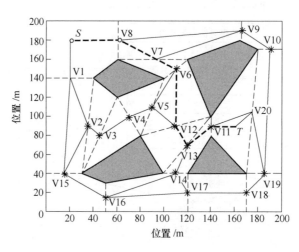

图 6-10　初始路径规划

6.3.3　利用蚁群算法对路径优化

6.3.3.1　蚁群算法优化路径

在利用迪杰斯特拉算法对路径进行规划的基础上，采用蚁群算法对路径进一步优化。优化思想是使迪杰斯特拉初始规划所经过的节点在其所在划分线上滑动，从而寻找 S 到 T 更短的路径。经蚁群优化后得到最短路径如图 6-11 中粗虚线所示。

6.3.3.2　优化前后路径长度对比与信息素分布状况

经蚁群优化后，路径的长度有了明显的缩短。图 6-12 所示路径长度的收敛曲线记录了每次蚁群搜索后得到的该次搜索到的最短路径。图 6-12 上方直线为

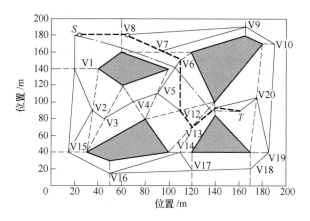

图 6-11 蚁群算法对初始路径优化后的结果

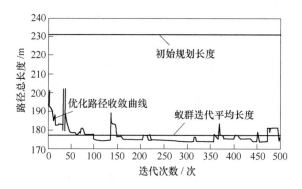

图 6-12 优化前后结果对比

利用迪杰斯特拉算法得到的初始路径的长度。从图 6-12 中可以看出，经过蚁群 20 次搜索后，蚁群算法得到的路径长度已经小于初始路径的长度，经过约 75 次搜索后，路径已经达到最优。图 6-12 中下方直线为 500 次蚁群算法搜索得到的所有路径的平均长度。从图 6-12 中可以看出，蚁群开始搜索时找到的路径的长度，已经在初始路径长度之下。这体现了这种算法相比单纯的蚁群算法的优势，省去了蚁群算法前期搜索的大量工作，在搜寻路径的效率上有了较大提高。不足之处是优化路径的收敛情况并不理想，考虑从蚁群算法参数方面对最短路径收敛状况进行优化。

6.3.3.3 信息素浓度的分布情况

如图 6-13 所示，用迪杰斯特拉算法初始路径规划得到的路径经过 6 个点，图 6-13 中记录了这 6 个点所在分割线，即图 6-13 中点划线上的信息素浓度分布。

图 6-14 中显示了路径经过的 6 个节点（V8，V7，V6，V12，V13，V11）所在分割线上的信息素都有一处为最高峰值，峰值约为 $12 \times 10^{-4} \sim 13 \times 10^{-4}$，该处

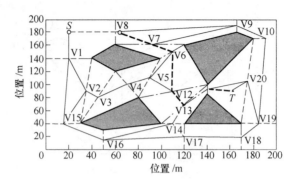

图 6-13   信息素采样位置

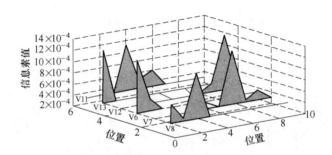

图 6-14   信息素浓度分布情况

即为绝大多数蚂蚁走过的路径。但由于蚂蚁选择下一段路径有较小的概率不选择信息素浓度最高的路径，因此其他区域的信息素浓度并不为零，约为 3×10^{-4}。

6.3.4   蚁群算法的参数优化

对于基本蚁群算法，其路径向量 $w(t)$ 搜索到最优解集 w^* 即信息等价于信息素轨迹向量 $\tau(t)$ 收敛到最优值 τ^*，如式（6-1）所示：

$$w(t) \to w^* \Leftrightarrow \tau(t) \to \tau^* \tag{6-1}$$

由于蚁群算法中某只人工蚂蚁搜索到最优路径的概率随机，因此算法收敛速度只能用搜索到最优路径的期望值 $E(T)$ 衡量[16]。称 T 为蚁群算法首达时间，表达式如下：

$$T = \min\{t, w(t) \cap w^*(t) \neq \Phi\} \tag{6-2}$$

$$P\{T > cT_0\} \leqslant \frac{E(T)}{cT_0}$$

式中，$E(T)$ 为首达时间 T 的期望值；c 表示期望迭代次数；T_0 是 T 的平均值。

当 $E(T) \leqslant T_0$ 时独立使用基本蚁群算法迭代 c 次，有 $P\{T > cT_0\} \leqslant \dfrac{T_0}{cT_0} = \dfrac{1}{c}$，从而得公式（6-3）：

$$P\{T < cT_0\} \geqslant 1 - \frac{1}{c} \qquad (6\text{-}3)$$

式（6-3）表示独立用蚁群算法搜索 c 次，则至少有一次在 cT_0 之前找到最优路径的概率不小于 $1 - \dfrac{1}{c}$。为进一步提高收敛速度，改善收敛质量，采用以下几种优化方法。

6.3.4.1 单个参数分别优化

（1）初始参数为 $\alpha = 0.8$，$\beta = 1.5$，$\rho = 0.1$，先对参数 ρ 进行优化。控制 $\alpha = 0.8$，$\beta = 1.5$ 不变，取 ρ 分别为 0.001，0.1，0.3，0.5，0.7。每个参数值在本研究模型中进行 8 次仿真，每次仿真进行 500 次迭代。每次仿真取 500 次迭代的路径长度平均值，再取 8 次仿真得到的平均值求平均，比较该参数取各值时平均值大小，观察每次优化的收敛情况并记录。对以后的参数优化以及组合优化都采用此方法。优化过程记录见表 6-1。

表 6-1 信息素挥发参数 ρ 优化

参数 ρ 值	各次仿真中蚁群迭代平均长度								平均值	收敛情况
	1	2	3	4	5	6	7	8		
0.001	219.24	218.07	219.39	218.01	217.87	219.39	217.81	218.48	218.66	差
0.1	174.42	175.50	175.02	175.51	174.88	174.34	174.52	174.76	174.87	较好
0.3	175.73	175.38	175.71	175.57	174.90	175.13	175.82	175.38	175.45	一般
0.5	178.33	178.24	179.00	178.84	179.09	179.22	179.71	178.86	178.91	差
0.7	182.29	182.93	183.34	180.79	183.81	181.74	183.57	183.63	182.76	差
0.2	174.41	174.48	174.91	174.76	174.86	174.66	174.67	174.67	174.65	较好

经仿真后发现 ρ 取 0.1 时（见图 6-15），路径长度平均值最小，为 174.87，收敛性较好。取 0.3 时路径平均值为 175.45，略高于 ρ 取 0.1 时，但路径长度收敛情况较之更好。于是取 $\rho = 0.2$ 进行仿真（见图 6-16），得到平均路径长度为 174.64，收敛状况与 $\rho = 0.1$ 相差不大。故暂定 0.2 为本问题中参数 ρ 的最优值。

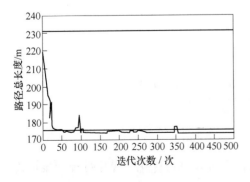

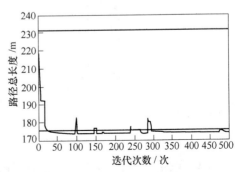

图 6-15 $\rho = 0.1$ 时仿真优化结果   图 6-16 $\rho = 0.2$ 时仿真优化结果

（2）取 ρ 优化后的值对参数 β 优化，即 $\alpha = 0.8$，$\rho = 0.2$，优化过程见表 6-2。

表 6-2　启发因子计算参数 β 优化

参数 β 值	各次仿真中蚁群迭代平均长度								平均值	收敛情况
	1	2	3	4	5	6	7	8		
0.1	180.17	178.51	178.68	180.95	177.83	180.53	180.07	178.14	179.36	较差
5	175.48	174.59	174.92	174.62	174.21	174.50	175.11	174.82	174.70	较好
10	174.16	174.42	174.61	174.60	175.00	174.24	175.21	174.17	174.55	较好
20	174.37	174.16	174.17	174.55	174.53	174.49	174.34	174.75	174.42	较好
30	174.39	174.16	174.17	174.55	174.49	174.75	174.55	174.34	174.42	较好

经仿真发现，$\beta \geqslant 5$ 以后路径长度收敛情况与平均路径长度差异不大，但随着 β 增大收敛速度明显提高（见图 6-17 和图 6-18），故取 $\beta = 30$ 暂定为最优选择。

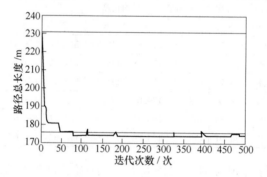

图 6-17　$\beta = 10$ 时仿真优化结果

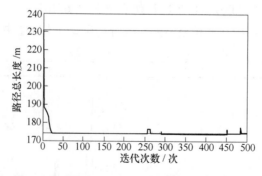

图 6-18　$\beta = 30$ 时仿真优化结果

（3）取 $\rho = 0.2$，$\beta = 30$。对信息素阈值参数 α 进行优化。优化过程记录见表 6-3。

表 6-3　信息素阈值参数 α 优化

参数	各次仿真中蚁群迭代平均长度								平均值	收敛情况
α 值	1	2	3	4	5	6	7	8		
0	191.35	192.50	192.14	192.68	191.96	191.30	192.03	190.67	191.83	差
0.5	179.97	179.25	178.83	179.49	178.45	179.08	179.35	179.28	179.21	差
0.8	174.93	174.31	174.50	174.72	174.57	174.84	174.47	174.23	174.59	较好
0.9	174.42	174.52	174.63	174.34	175.04	175.43	175.57	175.07	174.72	好
1	231.04	231.04	231.04	231.04	231.04	231.04	231.04	231.04	231.04	无优化

　　经过仿真发现，$\alpha=0.8$ 时，与前两个优化后的参数相配合已经可以获得较好的收敛效果，但还是有最优路径的情况出现，如图 6-19 中的两个小峰值。但当 $\alpha=0.9$ 后，这种情况得到极大改善，如图 6-20 所示，基本不会再出现图 6-19 中的小峰值。而当 $\alpha>0.9$ 时，路径长度容易陷入局部最优，虽然不会出现小峰值情况，但收敛速度较慢，当 $\alpha=1$ 时对路径长度无优化效果，故取 0.9 为 α 的最优值。

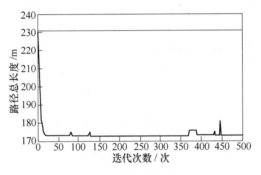

图 6-19　$\alpha=0.8$ 时仿真优化结果

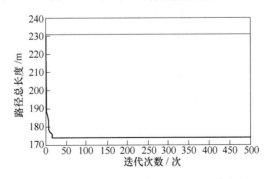

图 6-20　$\alpha=0.9$ 时仿真优化结果

6.3.4.2　多参数组合优化

经过单个参数优化，已经得出单个最优的参数分别为 $\alpha=0.9$，$\beta=30$，$\rho=$

0.2。三个参数组合后得到了很理想的路径收敛曲线。为了验证此组合为最优组合，必须要排除最优参数与非最优参数组合会得到更优收敛性的可能。

（1）当 $\alpha = 0.9$，$\beta = 30$ 时，将二者与非最优 ρ 值搭配，经过仿真后证实 $\rho = 0.2$ 时平均路径最短且最短路径收敛性最佳。

（2）当 $\alpha = 0.9$，$\rho = 0.2$ 时，将二者与非最优 β 值搭配，经过仿真后证实 $\beta = 30$ 时平均路径最短且最短路径收敛性最佳。

（3）当 $\rho = 0.2$ 为最佳值，β 为非最佳值时，与 α 的非最佳值搭配，经仿真后依然是 $\alpha = 0.9$ 取最优值时，仿真效果最好。

（4）当 $\beta = 30$ 为最佳值，ρ 为非最佳值时，与 α 的非最佳值搭配，经仿真后依然是 α 取最优值 0.9 时优化效果最佳。

综上，$\alpha = 0.9$，$\beta = 30$，$\rho = 0.2$ 为最优参数组合，优化效果如图 6-21、图 6-22 所示。

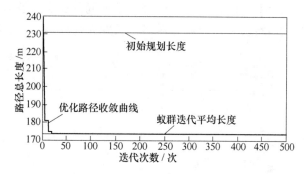

图 6-21 最优参数组合收敛曲线

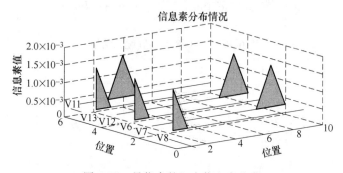

图 6-22 最优参数组合信息素分布

6.3.4.3 优化结果

利用迪杰斯特拉算法初始规划的路径长度为 231.04m，经过蚁群算法优化后，得到最短路径长度为 173.8157m，故应用该算法可以有效寻找到最优路径。在此基础上，针对最短路径长度收敛性较差的问题，对蚁群算法的主要参数进行多参数优化，找到解决问题的最优参数组合，在收敛性方面有了很大改进。参数优化前每 500 次迭代平均路径长度为 176.54m，参数优化后每 500 次迭代平均路径长度为 174.59m，相当于 500 次蚁群迭代中，每次迭代优化后的算法比优化前平均缩短约 2m。优化前收敛到最短路径的平均次数（取 15 次试验结果平均）为 119.67 次，经参数优化后，收敛到最短路径的平均次数为 48.93 次，最好的情况在第 9 次迭代时就已经收敛到最短。收敛速度有显著的提升，通过图 6-14 与图 6-22 对比可以看出，不仅收敛速度得到显著提升，收敛质量也有了极大的改善，取得了令人满意的收敛效果。通过信息素分布仿真图可以直观看出参数优化后信息素分布情况更为集中，更加有利于人工蚂蚁找到最短路径。所以，针对本问题，对蚁群算法进行参数优化可以有效改善改进后的蚁群算法的收敛性。

参 考 文 献

［1］ Sohrabi K，Gao J，Ailawadhi V，et al. Protocols for self-organization of a wireless sensor network ［J］. IEEE Personal Communications，2000，7（5）：16～27.

［2］ Tian D，Georganas N D. A node scheduling scheme for energy conservation in large wireless sensor networks ［J］. Wireless Communications and Mobile Computing，2003，3（2）：271～290.

［3］ Meguerdichian S，Koushanfar F，Potkonjak M，et al. Coverage problems in wireless ad-hoc sensor network ［C］//Sengupta B，ed. Proc. of the IEEE INFOCOM. Anchorage：IEEE Press，2001：1380～1387.

［4］ Meguerdichian S，Koushanfar F，Qu G，et al. Exposure in wireless ad-hoc sensor networks ［C］//Rose C，ed. Proc. of the ACM Int'l Conf. on Mobile Computing and Networking（Mobi-Com）. New York：ACM Press，2001：139～150.

［5］ Huang C F，Tseng Y C. The coverage problem in a wireless sensor network ［C］//Sivalingam K M，Raghavendra C S，eds. Proc. of the ACM Int. Workshop on Wireless Sensor Networks and Applications（WSNA）. New York：ACM Press，2003：115～121.

［6］ Gupta H，Das S R，Gu Q. Connected sensor cover：Self-organization of sensor networks for efficient query execution ［C］//Gerla M，ed. Proc. of the ACM Int'l Symp. on Mobile Ad Hoc Networking and Computing（MobiHOC）. New York：ACM Press，2003：189～200.

［7］ 王娟. 动态规划——多阶段决策问题的求解方法 ［J］. 当代经理人，2006：748～749.

［8］ 黄国瑜，叶乃菁. 数据结构 ［M］. 北京：清华大学出版社，2001.

［9］ 李春葆. 数据结构教程 ［M］. 北京：清华大学出版社，2005.

［10］ Dijkstra 算法. http://baike.baidu.com/view/7839.htm.

［11］ 石为人，王楷. 基于 Floyd 算法的移动机器人最短路径规划研究 ［J］. 仪器仪表学报，2010，30（10）：2088～2092.

［12］ 朱虎，宋恩民，路志宏. 求解着色问题的最大最小蚁群搜索算法 ［J］. 计算机仿真，2010，27（3）：190～193.

[13] 张则强，胡俊逸，程文明．第 I 类双边装配线平衡问题的改进蚁群算法［J］．西南交通大学学报，2013，48（4）：724～730．

[14] 李秀娟，杨玥，蒋金叶，等．蚁群优化算法在物流车辆调度系统中的应用［J］．计算机应用，2013，33（10）：2822～2862．

[15] 夏亚梅，程渤，陈俊亮，等．基于改进蚁群算法的服务组合优化［J］．计算机学报，2012，35（2）：271～280．

[16] 柏塞克斯 D P．动态规划和随机模型［M］．西安：西安交通大学出版社，1988．

基于 WSN 的能量损耗优化算法研究

7.1 重要节能机制的研究

7.1.1 数据融合节能机制

7.1.1.1 对比情景设置

假定两种模型都采用一个数据接收端接受多个发送源节点感知的数据，源节点采集的信息冗余性不确定，并且在接收端预先输出一个数据请求/兴趣，含有相应数据要发送的传感器开始发生送信息。现假设采用数据融合机制的称为路径 A，不采用数据融合路由机制的称为路径 B。路径 A 以数据为中心，在信息传送过程中节点会查看数据包内容并作出相应数据处理，删除冗余或者无关信息；而路径 B 采用端到端的传输，经过路径查询，沿着往接收端距离最短的路径进行传输。如图 7-1 和图 7-2 所示。

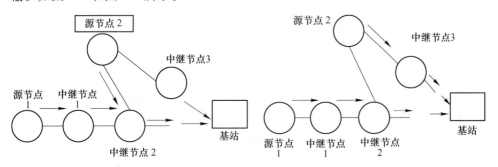

图 7-1　采用数据融合路由　　　　　图 7-2　采用端到端的路由传输模型

7.1.1.2 数据融合的收益

针对数据发送节点到终端节点之间的距离，对数据融合这一机制的节能效果进行分析，以下分析得出的是在发送节点都在一起并远离最终接受节点情境下最理想的数据融合效益。

性能一：假设路径 B（不采用数据融合）中 d_i 为从源发送端 S_i 与终端接收间的最短距离。这种路由的通信量记为 N_A：

$$N_A = d_1 + d_2 + \cdots + d_k = \text{sum}(d_i) \tag{7-1}$$

在路径 A（采用数据融合）中假设通信量是 N_D，若用 $SP(i, j)$ 表示节点 i

和 j 之间的最短距离，x 表示传感器的范围宽度，部分节省 F_s。下面对采用数据融合机制的和不采用数据融合机制的通信量和节省量进行性能比较。

若全部源节点的 X 都满足 $X \geqslant 1$，则在路径 A 满足如下关系：

$$\min(d_i) + (k-1) \leqslant N_D \leqslant (K-1)X + \min(d_i) \tag{7-2}$$

若 $X < \min(d_i)$，则 $N_D < N_A$，即路由 A 的通信量少于路由 B 的通信量，通信量的减少会减低数据碰撞和传输功率等多种能耗。验证：

$$N_D < (k-1)X + \min(d_i) < (k-1)\min(d_i) \Rightarrow N_D < \text{sum}(d_i) = N_A \tag{7-3}$$

性能二：$F_S = (N_A - N_D)/N_A$，F_S 的取值范围为 $0 \sim 1$ 且 F_S 满足如下关系：

$$\begin{cases} F_{S1} - [(K-1)X + \min(d_i)]/\text{sum}(d_i) \\ F_{S1} - [\min(d_i) + k - 1]/\text{sum}(d_i) \end{cases} \tag{7-4}$$

如果所有的源节点到终端距离相同且都为最短，也就是

$$\min(d_i) = \max(d_i) \tag{7-5}$$

那么就存在如下关系：

$$\frac{1 - [(k-1)X + d]}{kd} \leqslant F_S \leqslant \frac{1 - (d+k-1)}{kd} \tag{7-6}$$

如果 X 和 k 是参数，源节点与接收端的距离无限远，那么

$$\lim_{d \to \infty} F_S = 1 - \frac{1}{k} \tag{7-7}$$

验证：在极端状况下，$X \to d$、$k \to d$，那么 F_S 趋于同一个值：

$$\lim_{d \to \infty} \left[1 - \frac{(k-1)X + d}{kd} \right] = \lim_{d \to \infty} \left[1 - \frac{(k-1)X}{kd} - \frac{d}{kd} \right] = 1 - \frac{1}{k} \tag{7-8}$$

$$\lim_{d \to \infty} \left(1 - \frac{d+k-1}{kd} \right) = \lim_{d \to \infty} \left(1 - \frac{d}{kd} - \frac{k-1}{kd} \right) = 1 - \frac{1}{k} \tag{7-9}$$

由式（7-8）和式（7-9）可知，接受端和源节点之间的距离远大于源节点之间的距离，通过数据融合机制就会节省 k 折能量。

综上分析可知，在数据发送源节点与接收终端相距较远时，采用数据融合不仅可以减少传输通信量，而且可以很大程度地减少能源消耗。而数据融合机制的设计还有很多需要改善的地方，在信道传输过程中对数据包信息的检测过程也需要大量的能量消耗。

7.1.2 路由协议节能机制

7.1.2.1 MTTPR 路由协议

在文献［1］中提出的最小总传输功率路由协议 MTTPR（minimum total transmission power routing）就是在全部可能的传输路径中选取传送总功率最低，并且每一跳功率都尽可能小的路由进行数据传输，使得信息传送工程中能耗最小。

数据包在节点 n_i 与 n_j 的传送过程中，节点 n_j 成功接受的最小信噪比 SNR_j 必须符合如下公式：

$$SNR_j = \frac{P_i G_{i,j}}{\sum\limits_{k \neq i} P_k G_{k,i} + \eta_j} > \varphi_j(BER) \tag{7-10}$$

式中，P_i 为传感器 n_i 的发射功率；$G_{i,j}$ 为传感器 n_i 到节点 n_j 的能量消耗；η_j 为传感器 n_j 的噪声；φ_j 为数据接收节点处的信噪比阈值，信息传送途中的每一跳链路上的节点功率相加即为传输功率：

$$P_L = \sum_{i=0}^{D-1} P(n_i, n_{i+1}) \tag{7-11}$$

式中，n_0 为源节点；n_D 为终端节点；L 是数据发送端到终端节点的路径之一。

MTTPR 协议即从全部可能路径 A 中选取传送功率最低的那一条路径 K 进行数据传送，即：

$$P_K = \min_{L \in A} P_L \tag{7-12}$$

通过利用迪杰斯特拉算法可以得到最佳路由。通常，传送路由中的噪声水平、误比特率、干扰大小和传感器间的距离等都会影响单跳链路上的最低发射功率。通过 MTTPR 协议可能选取多跳传输路由，会出现在某传送路径上总的传输功率最低而传送节点数量很多的情况，造成信息传送时延增加等其他负面影响。如果在计算总功率的同时把接收机接收数据包时的能耗也加进去计算，那么不仅可以避免上述问题，而且得到的路由更加可靠。此时 MTTPR 的计算就变为如下公式：

$$C_{i,j} = P_{\text{transmit}}(n_i, n_j) + P_{\text{transceiver}}(n_j) + Cost(n_i) \tag{7-13}$$

式中，n_i、n_j 为邻近传感器；$P_{\text{transmit}}(n_i, n_j)$ 为接收数据包需要的功耗；$Cost(n_i)$ 为数据发送端到传感器 n_i 路径上的最低传送总功率，则从数据发送端到传感器 n_j 的传输过程中最低功率为：

$$Cost(n_i) = \min_{i \in NH(j)} C_{i,j} \tag{7-14}$$

式中，NH 为传送路径中的节点数。

这样就保证了从源节点到传送路径中任意中转节点的传送功率都是最低的，同时也保障了所选路径中的节点接收数据包消耗功率最低和跳数最少。

7.1.2.2 考虑节点电量的路由协议

A MBCR 路由

在文献 [2] 中提出的最低能耗路由 MBCR（minimum battery cost routing）是在选取路径时把转发节点剩余电量倒数的总和作为标准，目的是选择剩余电量最大路径作为数据转发的路径。

用 C_i^t 表示节点 n_i 在 t 时刻剩余电量，用 $f_i(C_i^t) = \dfrac{1}{C_i^t}$ 代表节点 n_i 电量消耗情

况，节点的剩余电量越多，该传感器越容易参与路由转发。则数据包从起始发送端 n_0 到终端节点的路由 L 的电量消耗可以表示如下：

$$R_L = \sum_{i=0}^{D-1} f_i(C_i^t) \tag{7-15}$$

MBCR 协议依据式（7-15）计算全部可能路径上的电量损耗，选取剩余电量最多的路径，该路由符合：

$$R_K = \min\{R_L \mid L \in A\} \tag{7-16}$$

如果出现多条路由的电量消耗情况相等，那么优先选择跳数最少的作为数据传输路径。最小能量路由考虑了节电电池的剩余电量，避免了网络中某些节点频繁使用或者电量不足以完成转发任务的现象。最小能量路由是以路由全程节点总的消耗最小作为选取标度，但无法避免路由中仍然存在一些节点剩余电量较低且不足以完成转发的情况。针对这一问题，在文献［3］中提出了一种改进方案，即最大电池消耗路由（MMBCR），就是基于节点剩余电量并从节点的角度出发进行路径选取。

B   最小最大电池消耗路由

最大最小电池消耗路由（min-max battery cost routing，MMBCR）就是避开剩余能量较少中继节点进行数据传输，则数据发送端 n_0 与终端节点 n_D 路径 L 上的电量损耗变为：

$$R_L = \max_{i \in L} f_i(C_i^t) \tag{7-17}$$

采用路径 L 上节点电量损耗函数的最高值作为路径 L 的损耗量，路径 L 上节点的剩余电量越少，则 R_L 就越大。MMBCR 优先选取 R_L 最低的路由 K 作为传输路径，那么该路径节点的剩余电量就大于其他上节点的剩余电量。

MMBCR 选取节点剩余电量较大进行数据传输，有效提高了系统的能耗，延长了网络的有效工作时间，但这样选取的路径却对传送功率考虑不够。

MMBCR 虽然选取了每个节点的剩余能量较高的点传输数据，对 WSN 生命周期延长有一定改善，却由于选取路径过程中不考虑传输功率，会导致很大的能量损耗[4]。对于上述两种协议如果这样考虑的话，将会使网络性能进行更好的优化。于是 C-KToh 制定了一种分条件的最大最小电池能耗路由协议（CMBBCR），即在系统运行前期节点剩余电量较多时采用 MTTPR 协议，不需要担心节点频繁使用，只需考虑减少传输能耗[5,6]；在系统运行后一阶段节点剩余能量达到一定限制之后，采用 MMBCR 选取路由进行功率考虑。这种分阶段协议节约了网络整体的能量，提高了网络有效工作时间。

7.1.3 WSN 中常用的一些节能机制

WSN 中常用的一些节能机制包括：

（1）睡眠机制：1）主动唤醒机制；2）等待机制；3）同步机制。

（2）功率控制机制。其理论依据为，当源节点向目的节点传输一个分组时，接收节点输入端的功率与发射机发送分组时传递给发射天线的功率之间关系可用以下公式表示：

$$P_r = P_t \left(\frac{\lambda}{4\pi d} \right)^n G_t G_r \qquad (7\text{-}18)$$

式中，P_r 为分组到达输入端的功率；P_t 为发射机发送给分组时传递给发射天线的功率；λ 为载波波长；d 为源节点与目的节点的距离；n 为路径衰减系数，一般取值范围 2～4；G_t 为发射机天线增益；G_r 为接收机天线增益。

发射功率 P_t 随传输距离的幂级数倍急剧增长，减短一跳传输距离就会减少节点能耗[7]。WSN 的功率控制涉及无线网络协议栈每一层次，目前主要集中在网络层和链路层。网络层主要研究如何调节发射功率来改变网络的拓扑结构和路由，使得各方面性能达到最佳。链路层的功率控制是通过 MAC 协议来完成的，每发送一个数据报文都会根据报文到下一跳节点的距离、信道状况等多种因素动态调整发射功率。

减低发射功率需要从下面几个点进行考虑：

（1）节点根据信道预算或者功耗的反馈，减少不必要的发射功率。

（2）WSN 的发送终端通常采用全向天线，如果采用定向天线或者智能天线只在数据接收方向发射信号，那么就会减少其他不必要发送方位的发射功率，进而减少不必要的能耗。

（3）通过信号的信干比（SIR）可以衡量信号的质量，减小干扰可以减低噪声功耗、减低接收功率，进而减低节点能耗。

7.2 跨层协议设计

7.2.1 MAC 层和网络层联合设计

7.2.1.1 接收节点竞争中继——GeRaF 协议

数据发送端通过预先侦听数据信道和忙音信道决定信息的传输，仅在二者全是空闲状态，源节点发布请求发送协议（request to send，RTS）消息，进行下一跳中继的选取。如两个信道都非空闲状态则退避一段时间再重新发送。此外，射频区域依赖与基站的距离被划分成很多子区域，收到广播信息 RTS 的节点依据自己的地理信息决定其所在的射频子区域，从而确定发出清除发送协议（clear to send，CTS）的顺序，级数最高的在第一时隙发出 CTS 消息。若源发送端在下时隙听到 CTS，即意味着下一跳节点选中，在接收状态的节点在忙音上发出忙音，防止数据包的碰撞。随后数据开始转发。若在 RTS 发出之后，接收不到 CTS 信息，就发出 CONTINUE，在 N_p 个空时隙内依然侦听不到 CTS 则属于超时现象。

若在期间收到了无效信息，就认为 CTS 发生碰撞，随机发出 CONTINUE 继续侦听 CTS 信息。在运算 CTS 发出时隙前侦听到 CTS 或 CONTINUE 就退出竞争；在 CTS 发出后接收到 CONTINUE 则随机退避后并以 50% 的概率发送 CTS 信号，达到仅有一个节点发出 CTS。

为了进一步提高能效，除了避免碰撞机制，还需根据一定的时间，周期性地醒来传输信息，在不发送信息同时也不断参与中继竞争的节点进入休眠状态。

7.2.1.2　GeRaF 协议存在问题

（1）由于 GeRaF 算法的休眠周期固定，在中继竞争中只有一对节点可以建立通信，所以大量的中继竞争邻居节点就退出进入休眠时间，大批的节点在相同的休眠周期后又同时醒来，在射频区域就出现了大量节点同时要么处于活跃状态要么处于休眠状态，而射频区域大量传感器节点处于休眠状态就会造成网络的空洞，造成数据转发中断和出现显著的时延。若大批传感器节点处于活跃状态，又由于大量的节点处于空闲侦听状态和可能发生较多的 CTS 碰撞，不仅造成了中继节点确定的时延，也加剧了能量的浪费。

（2）由于传送的信息负载量时刻变化，而中继的选取仅仅是基于地理位置信息，并不了解中继节点的能量，若节点接受数据包后能量耗尽不能进行数据转发，致使要转发的数据包停留在中继节点，导致未被接收的数据包从源节点开始重新选择中继节点进行整个路径接受和转发，同样会增加能量损耗，延长传输时延。

（3）节点休眠时间的固定性，若节点的休眠时间过短，可使睡眠节点在不确定邻居节点的通信是否结束时，就进行状态转换，若节点通信还未结束，就又转入休眠时间，频繁的状态转化会造成网络能量的大量浪费，并且长时间的休眠容易出现网络空洞，引起传输和时延增加。

7.2.1.3　发送端决定中继节点算法

文献［8］中 R. Rugin 等人提出了跨层设计的路由算法，该协议是在假设所有节点知道自身的坐标信息且初始状态设置为空闲节点的条件下进行分析研究。该算法提出的思想是：节点周期性地从休眠状态转换为活跃状态进行信道侦听，若侦听状态期间没有事件发生就会自动转换为休眠状态，当空闲节点进行信息传输时，预先侦听信道，若发现信道处于空闲状态就发出探测控制帧，其中包含本节点与终端节点的地理位置，与此同时继续侦听信道，直到 Alive 信息的返回，依据 Alive 包中的内容和一定的选取标准来选取最佳下一跳节点同时广播消息通知其他临界点。在数据转发过程中，侦听状态的接收节点根据接收到的 Probe 信息帧的位置信息判断接收端与发送端哪个更靠近于终端节点，作出是否转发信息。当节点充当中继节点时，就像发送节点传输一个 Alive 包，之后就等待发送端的选择信息帧 SelectRelay 和数据包，不参与路由的话，则转入休眠状态。该协议提出了 Alive 包的发出顺序为在一个竞争时间窗内随机选择的时隙。参与中继转发的节点给发送端传输的 Alive 包中包括接收端的坐标信息 I_p 和能耗值 E。其中 I_p 的取值可以依据图 7-3 和式（7-19）得出。

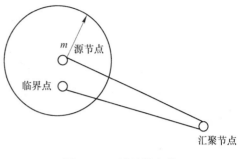

图 7-3　一跳计算参数

$$I_p = 1 - \frac{r - l}{m} \qquad (7-19)$$

式中，m 为发送端的射频范围；r 为数据发出节点与目标节点的距离；下临节点到目标节点的长度是 l；I_p 为参数，其大小取决于到目标节点的长度，离目标节点越近值越小，范围为 $[0, 1]$。

发送端还可以从 Alive 包中了解当前能源损耗值。发送节点会根据 Alive 包中的能量损耗的阈值计算一个能量指标（其中最大值用 E_{max}、能量损耗最小值用 E_{min} 表示）：

$$I_E = \frac{E - E_{min}}{E_{max} - E_{min}} \qquad (7-20)$$

式中，E 为 Alive 包的邻节点的能量损耗值，I_E 介于 $[0, 1]$，且反比于剩余能量，发送节点根据 I_C 的值，选取最小的 I_C 作为下一跳中继节点。I_C 的计算公式为：

$$I_C = \alpha I_E + \beta I_P \qquad (7-21)$$

式中，α，β 为常数，取值范围也在 $[0, 1]$ 中。

R. Rugin 提出的方法和 GeRaF 算法的设计原则不一样，后者的中继节点由接收节点的竞争来决定。前者方案的中继节点由邻居传感器报告信息和节点剩余电量的分析来决定下一跳中继的选取，改善了信息传输的多项性能。虽然相对 GeRaF 有一定的改进，但是也造成了一些问题。

7.2.1.4　GeRaF 算法与发送节点确定中继算法的比较

经过对上面两种算法进行分析，并仿真验证可知上面两种节能策略的能效都差不多。本节通过对两种算法在一跳中继选择中的碰撞情况进行研究，将 GeRaF 协议和发送节点确定中继节点方案分别标记为算法 A 和算法 B。

在一跳区域内假设传感器节点泊松分布且包含 M 个中继候选活动节点。若在算法 A 中将监测区域划分为 N_p 个子区域，那么在每一子区域中含有的候选中继活动节点的个数为 $\lambda_0 = M/N_p$，把 RTS 发送后与中继选择确定之间的信息发送时间定义为接入时延。假设接入时延中含有 i 个空 CTS 时隙的概率是 $e^{-i\lambda_0}$，一个由 k 个节点竞争的接入时隙数用 σ_k 表示，平均竞争接入时隙数为 S_k，在发生一次 CTS 碰撞后就会减少一半的 CTS 发送概率，存在以下关系：

$$S_k = E\sigma_k = \begin{cases} 1 & k = 1 \\ \dfrac{1 + \displaystyle\sum_{i=1}^{k} 2^{-k} S_i}{1 - 2^{1-k}} & k \geq 1 \end{cases} \tag{7-22}$$

在 $0 \leq i \leq N_p, K \geq 1$ 的条件下，若 i 个空 CTS 时隙后紧跟一个由 k 个节点竞争的非空时隙的概率表示为 $P_s(1)$：

$$P_s(1) = e^{-ik} \frac{e^{-\lambda_0} \lambda_0}{k!} \tag{7-23}$$

因此，一次成功通信的时延为：

$$X = E(i + \sigma_k) = \sum_{i=0}^{N_p-1} \sum_{k=1}^{\infty} (i + S_k) e^{-i\lambda_0} \frac{e^{-\lambda_0} \lambda_0^k}{k!}$$

$$= (1 - e^{-\lambda_0}) \sum_{i=0}^{N_p-1} i e^{-i\lambda_0} + \frac{(1 - e^{-N_p\lambda_0}) \sum_{k=1}^{\infty} \frac{e^{-\lambda_0} \lambda_0}{k!} S_k}{1 - e^{-\lambda_0}}$$

$$= \frac{e^{-\lambda_0}(1 - e^{-N_p\lambda_0})}{1 - e^{-\lambda_0}} - N_p e^{-N_p\lambda_0} + \frac{(1 - e^{-N_p\lambda_0}) \sum_{k=1}^{\infty} \frac{e^{-\lambda_0} \lambda_0^k}{k!} S_k}{1 - e^{-\lambda_0}} \tag{7-24}$$

在一跳中继节点中，把从 RTS 消息发出后到最终获得中继节点所经历的时间定义为平均时延。由图 7-4 所示可知，平均时延随节点数目的增加而增加，增加幅度不大。在相邻活动节点数目超过 50 而且区域数目为 1 的情况下，平均时延也不会超过 8 次，相对较少。但是，在活动节点很少的情况下，平均时延反而会较大。在活动节点数只有 1 个时，平均时延多达 5 次。之后随活动节点数量的增加而时延减少，直到最小值，再其后随活动节点数量的增加而小幅度的增加。

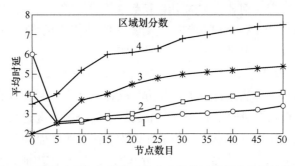

图 7-4 平均时延与相邻活动节点个数及区域划分数目的关系

在算法 B 中，同样假设竞争时间窗为 N_p 个时隙，每个时隙碰撞不考虑休眠因素且在活动的接收节点中找到最佳中继的概率为：

$$P_s(2 - 1) = [(M + 1)e^{-M}] N_p \tag{7-25}$$

至少有一个时隙不发生 Alive 包碰撞的概率为：

$$P_s(2-2) = 1 - [1 - (M+1)e^{-M}]N_p \qquad (7-26)$$

在发送节点确定中继算法中平均碰撞次数与相邻活动节点数和竞争时间窗时隙数的关系如图 7-5 所示，在竞争时间窗内，发生 Alive 包碰撞的平均时隙数定义为平均冲突次数。在相邻活动节点活跃数量较少时，平均冲突次数也较少。相邻活动节点活跃数目越多，平均冲突数量也越多。且将最大值称为竞争时间窗的时隙数。

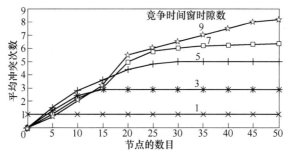

图 7-5 平均碰撞次数与相邻活动节点个数和竞争时间窗时隙数的关系

7.2.2 自适应休眠机制的跨层设计——EnGFAS

通过对上述两个跨层协议的研究，在文献［9］中制定了一种自适应休眠机制的路由转发跨层协议设计方案——EnGFAS（energy-aware geographical forwarding using adaptive sleeping）。如图 7-6 所示，其跨层涉及应用层、网络层和 MAC 层三层，根据最上层传输的负载量信息，将网络层和 MAC 层联合设计。网络层在 MAC 协助下，依靠节点的地理位置和能源剩余确定传输路径的构建。MAC 层联合路径情况和负载量进行数据队列的调度和自适应休眠。

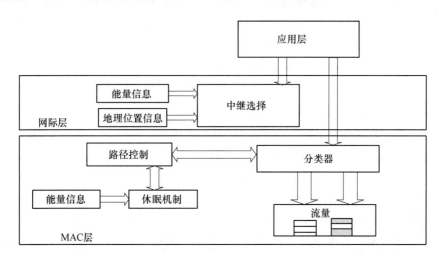

图 7-6 跨层设计功能结构

7.2.2.1 联合应用层的高能效路由

在发送节点的 RTS（Probe）控制信息中增加了三种信息，即表示发送端方位、本次信息传送量和传送速度，在射频区域中的活跃节点收到 RTS 信息后，把参与转发的最少能量 E_{thr}（为接收和转发的总能量消耗）跟自身的现有电量 E_{res} 相比，若 $E_{res} > E_{thr}$，表示符合转发条件，参与中继竞争中；否则，转入休眠状态。

7.2.2.2 自适应休眠机制

根据以下公式可以得出 RTS 发送出去之后到本次传送完毕的时间：

$$T_{total} = T_{choose-relay} + N(T_{ACK} + 2T_{SIFS}) + \frac{\sum_{i=1}^{N} L_i}{R} \tag{7-27}$$

中继选取耗时最少的情况就是 RTS 输出后第一时隙收到单个 CTS 消息，时间是：

$$T_{choose-relay} = T_{CTS} + T_{SIFS} \tag{7-28}$$

$$D_{CTS} = N(T_{ACK} + 2T_{SIFS}) + L/R \tag{7-29}$$

$$D_{ACK} = (N - j)(T_{ACK} + 2T_{SIFS}) + \frac{\sum_{i=j+1}^{N} L_i}{R} \tag{7-30}$$

下面对节点在什么时候进行休眠和休眠多长时间进行详细的分析。

在网络工作的前一阶段能量充足，通过 GeRaF 算法的接收节点竞争中继，出现以下情况时，给出了哪些节点应该转入休眠。

（1）节点在侦听信道的全过程，信道都处于空闲状态且节点的缓存队列为空。

（2）节点收到 RTS，并在中继竞争中退出。

（3）信道中 RTS 发生冲突且被节点侦听到。

（4）转发节点侦听到单个 CTS 或 ACK，同时经检查发现 CTS 或者 ACK 的维持时间阈值大于某一限定的阈值。

（5）节点在忙音信道上侦听到忙音。

（6）节点的缓冲队列的信息全部成功接收。

以下是对休眠时间长度进行的分析[9]：

（1）节点不是发送数据请求的源节点但却听到单个 CTS 或者 ACK，并且经检查发现 CTS 或者 ACK 的持续时间阈值大于某一限定的阈值，进入休眠的节点将会根据侦听到的 CTS 或者 ACK 中的信息 D_{CTS} 或者 D_{ACK} 确定自己的休眠时间，休眠时间为 $T_{sleep-1}$。

$$T_{\text{sleep}-1} = \begin{cases} D_{\text{CTS}} & D_{\text{CTS}} > T_{\text{thr}} \\ D_{\text{ACK}} & D_{\text{ACK}} > T_{\text{thr}} \\ 0 & D_{\text{CTS/ACK}} \leqslant T_{\text{thr}} \end{cases} \tag{7-31}$$

（2）为使网络的全部节点能耗均衡，休眠节点的休眠时间长度 $T_{\text{sleep}-2}$ 由其剩余能量确定

$$T_{\text{sleep}-2} = \begin{cases} T_{\min} & \gamma/E_{\text{res}} < T_{\min} \\ \gamma/E_{\text{res}} & T_{\min} < \gamma/E_{\text{res}} < T_{\max} \\ T_{\max} & \gamma/E_{\text{res}} > T_{\max} \end{cases} \tag{7-32}$$

式中，γ 为平衡因子；$T_{\max}$ 为最短时间阈值；$T_{\min}$ 为最小时间阈值，其大小由实际的应用时间延迟决定。

在网络工作后期能量缺乏，适合采用发送节点确定中继的算法，接收端在收到发送端的中继选取消息帧后进入休眠状态。因为在后一阶段能量较少，活跃节点数量较小，所以休眠时间采用第一种依据自适应侦听辅助进行的休眠。

节点竞争中继算法中设置的阈值 D_{CTS} 和 D_{ACK} 都是在理想情况下的最小值，它们保证了节点在上游节点传输结束前将状态转化为活跃状态。节点休眠长度 $T_{\text{sleep}-1}$ 为一个最小休眠时间，因为中继竞争过程会出现耗费一个以上时隙，或者信息发送过程中出现重传现象等，最短休眠时间保证了节点在上游数据包传输结束前醒来。

7.2.2.3 数据队列优先级调度

节点输出的信息可能是自身感知处理的内容，也可能是本节点参与的路径需要转发的信息。为有效合理利用能源，该算法不仅把两种信息分别放在不同的两个队列中，而且优先发送需要转发的内容，数据转发过程中，本地生成的信息仅在转发内容全部发出之后并被接收节点成功收取之后才开始输出自身生成的信息，这种策略增大了转发的成功率并且缩短了转发的时延，节约了能量的损耗[10]。在网络运行的后期，活动节点的数量逐渐减少，常常会出现网络"空洞"中断转发，在这种情况下应采取左手定则沿周边转发的方法[11]。

7.3 仿真验证

在 MATBLE 环境中，将上一节提出的接收节点选取中继、发送节点确定中继以及自适应休眠机制等策略的各项性能进行仿真，下面将上面所述的三种策略分别称为算法 1、算法 2 和算法 3。

仿真情景：将按泊松分布的传感器节点布置在一个 400×400 的平面区域中，通过改变一跳范围内节点个数 N 来比较各算法能耗性能。缓冲队列中包含两个独立的数据包队列，独自存放自身采集的信息和作为中继节点需要进行中转的信息。其中中心部分负责任务是数据包的调度及分片、中继路由选择、信道接入控

制等。此外，节点应具有收发数据/控制信息和忙音信号的两套收发信机，以避免引发终端问题[12]。

流量模型：假设节点检测的事件发生的时间间隔按指数分布，数据到达率为λ，并且在仿真中负载可以通过调整λ进行调整。

仿真参数的设置：

（1）公共参数设置。根据文献［13］，各个工作状态和其他参数仿真参数见表 7-1 和表 7-2。

表 7-1　各状态功率参数

状　态	功率/mW
休眠状态	0.036
侦听状态	9
发送状态	30.5
接收状态	10.2

表 7-2　系统仿真参数

项　目	参数值
数据包长/bit	1000
控制包长/bit	100
初始能量/J	2
数据传输速率/Mb·s⁻¹	19.2
一跳传输距离/m	50

（2）特殊参数设置：假设算法 1 中射频子区域 $N_p = 4$，$D = 0.1$；在算法 2 中令竞争窗 W 的时隙数为 9，且 $\alpha = \beta = 0.5$，工作周期 $D = 0.1$。算法 3 中前期采用接收节点竞争中继机制，$N_p = 4$；在 1 个 CTS 时隙内符合条件并参加中继竞争的传感器个数大约是 5 个，所以一条范围内子区域里，活跃节点在发生 CTS 碰撞后再以 1/2 的概率再次参与第二次中继竞争，若再次碰撞，那么之后参加中继竞争的概率都将变为 1/4；在算法 1 工作 200s 之后将采用发送节点确定中继机制，各参数设置为 $W = 9$，$\alpha = \beta = 0.5$，$T_{min} = 0.05s$，$T_{max} = 5s$，$\gamma = 1$。

如图 7-7 所示，对在不同节点覆盖密度下平均时间延迟和传输流量进行仿真。在负载量较小的情况下，密度几乎对三种时延不产生影响。在传输量相对大的情况下，前两种算法在高节点密度下的时延高于低密度下的时延，算法 3 的传

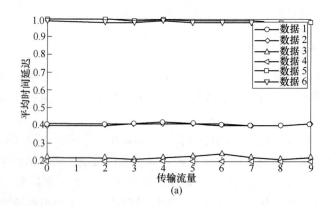

(a)

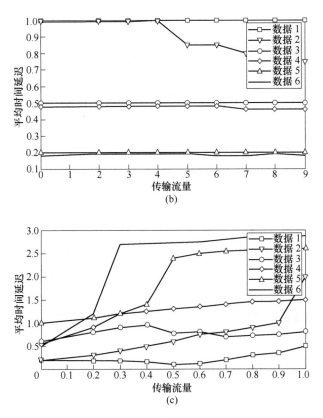

图 7-7 不同密度下三种算法的平均时间延迟和传输流量的关系

(a) 密度 $\rho = 50$；(b) 密度 $\rho = 100$；(c) 密度 $\rho = 200$

输延迟时间随节点密度的增高而减少。所以，算法 3 在高密度情况下有更好的时延特性。然而在密度较低的情况下，因为算法 3 能量阈值的设定，使得越来越少的节点进行中继竞争，往往产生大量 CTS 空时隙，导致系统产生传输"空洞"的现象。但是在网络后期，由于能量的减少，采用发送节点确定中继的路由机制，对网络运行前期出现的问题有一定的缓和。

对不同密度下三种算法的传输量对平均能耗的影响进行了仿真。仿真图如图 7-8 所示。根据仿真结果，传输量较大时，传输能耗随节点密度的减小而增大，且在低密度的情况下，三种算法的平均能耗大体相当。结合上一仿真结果可知，当节点密度较高时，改进的算法 3 的传输延迟减少，吞吐量增大，平均能耗降低。

根据 GeRaF 协议可知，距离 Sink 节点越近参与中继转发的频率越高，能耗量也越多，这样就会出现距离 Sink 节点近的节点由于电量较少或耗尽而不能完成中继转发，而离 Sink 节点远的节点电量依然充足，使数据转发失败而出现在网络内沿边缘迂回传送的现象。最严重情况就是 Sink 节点周围的节点全部失效，导致

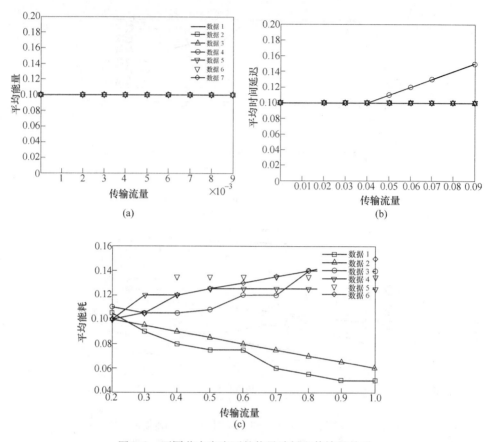

图 7-8 不同节点密度下的能量消耗和传输量关系

（a）节点密度 $\rho = 50$；（b）节点密度 $\rho = 100$；（c）节点密度 $\rho = 200$

传输中断，不能正常运作。因此，均衡网络能量也是网络性能的一个重要指标[14]。由于算法 3 中中继竞争门限的设置，负载较轻的情况下，符合条件的节点数量较多，中继竞争较激烈，消息碰撞次数较频繁，导致能耗较大。而在重负载情况下，由于符合条件的节点数量较少，中继竞争相对不激烈，信息碰撞次数也较少，能耗也会较少。所以出现了图中轻负载时的能耗速度快于重负载时的现象。由于重负载情况下，参与中继竞争的节点都是剩余能量相对较多的节点，这一举措就缓和了全网能量不平衡情况。

为分析随时间推移三种算法下节点死亡的情况，做了仿真图 7-9，由图 7-9可知，算法 3 的节点死亡时间最晚、死亡个数最少。而算法 1 在 190s 之后出现节点的陆续死亡，300s 之后节点死亡数量趋于平缓，此时大批中继节点已能量耗尽，出现转发中断。而算法 3 的改进，采用了自适应休眠机制的跨层设计，使节点根据剩余能量进行休眠与工作、休眠时间长短的调整，使节点休眠间隔分布，均衡了能量，改善了各项性能，提高了系统工作时间。

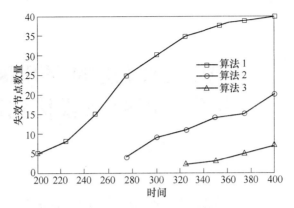

图 7-9　各算法下随时间失效的节点的数量

参 考 文 献

[1] Tseng Y C, Chen S Y, Sheu J P. The broadcast storm problem in a mobile ad hoc networks [J]. Wireless Networks, 2002, 167 (8): 153.

[2] Akyildiz I F, Su W, Sankarasubramaniam Y, et al. Wireless sensor networks: A survey [J]. Computer Networks, 2002, 38 (4): 393 ~ 422.

[3] Stemm M, Katz R H. Measuring and reducing energy consumption of network interfaces in hand-held devices [J]. IEICE Transactions on Communications, 1997, E80-B (8): 1125 ~ 1131.

[4] Buczak A, Jamalabad V. Self-organization of a heterogeneous sensor network by genetic algo-rithms [M]. Dagli C H, et al. Intelligent Engineering Systems Through Artificial Neural Net-works. ASME Press, 1998.

[5] Miller M, Vaidya N. Minimizing energy consumption in sensor networks using a wakeup radio [C] // Proceeding of the IEEE International Conference on Wireless Communications and Net-works (WCNC'04), Atlanta, GA, 2004.

[6] Dam T, Langendoen K. An adaptive energy-efficient MAC protocol for wireless sensors networks [C] // 1st ACM Conf on Embedded Networked Sensor Systems (Sen-Sys 2003), Los Angeles, CA, 2003: 171 ~ 180.

[7] 王珺. WSN 能量有效性研究 [D]. 南京: 南京大学, 2012.

[8] 熊蜀光. WSN 数据收集和查询处理技术研究 [D]. 哈尔滨: 哈尔滨工业大学, 2011.

[9] 李建坡, 钟鑫鑫, 徐纯. WSN 动态节点定位算法综述 [J]. 东北电力大学学报, 2015, 41 (4): 121 ~ 129.

[10] 居晓琴. 网络定位问题分析 [J]. 电子学报, 2015, 14 (7): 121 ~ 126.

[11] 何红松. WSN 通信协议研究 [D]. 太原: 太原理工大学, 2014.

[12] 刘琳, 杨秀杰. 基于 WSN 的 MAC 协议研究 [J]. 数字技术与应用, 2014, 12: 25.

[13] 邓洲, 刘汉奎, 邓翠兰. 一种通用型无线传感器节点架构 [J]. 数字技术与应用, 2014, 12: 39, 40, 42.

[14] 柴群, 吴小平, 梁剑波. 一种周期性 WSN 的跨层优化模型 [J]. 电子技术应用, 2015, 5: 126 ~ 129, 133.

8 基于蚁群算法的 WSNs 节点
有障环境中部署优化研究

8.1 工程背景

通常，一个比较完整的无线传感器网络体系拓扑由前端的传感器网络、中间的基站与通信网和终端的用户信息处理中心构成，本书研究的重点在传感器网络部分。根据实际部署无线传感节点，本书提出了两种有障情况下的节点部署策略。一种是障碍物构成的狭长弯曲空间内的节点部署，如图 8-1（a）所示；一种是障碍物是多块不连接区域所构成的空间的节点部署，如图 8-1（b）所示。

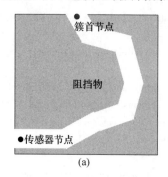
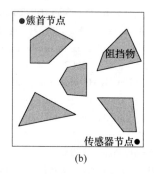

图 8-1 节点部署环境

研究这两种环境模型中节点部署，主要是为了处理近似二维环境，可转化为二维环境以及二维环境下的节点的优化部署问题。对图 8-1（a）所示的有障环境，主要解决节点部署位置是近似共面的狭长空间中无线传感器节点部署优化问题。这种狭长空间包括矿井巷道、铁路隧道、狭长山谷以及高楼林立的弯曲街道。对图 8-1（b）所示的有障环境，主要解决节点部署位置是近似共面的遮挡物平面投影为不连续的块状（即岔路比较多）的空间中的无线传感器节点部署优化问题[1]。这种有障环境如多栋散状分布的高楼、矿井工作面的巷道复杂交叉处以及可以转化为类似情况的其他环境中。

8.2 无线信道能耗衰减模型的建立

8.2.1 有关模型建立的假设

为了实现节点在上述环境Ⅰ和环境Ⅱ中的部署并达到一个理想部署效果，按梯度层次场数据传递[2]引入 WSN。给出假设：（1）在上述环境中所有节点同构，部署前具有相同能量，部署后不可移动；（2）节点都有相同传输半径 R；（3）节点收发数据采用定向天线；（4）部署环境中的位置坐标可测量得到；（5）为了能耗更少，节点采用多跳方式通信；（6）采用均匀布置；（7）阻挡物无线信号不可穿透。

8.2.2　信道能耗衰减模型的推导

无线信号的发射接收是无线传感器节点的基本功能要求，而节点发射功率能耗正比于直线无线传输距离的二次方或四次方，可见无线传输距离对发射功率能耗的影响比较强。Heinzelman 等人提出了无线信道能耗衰减的两种模型[3]：短距离范围的自由空间衰减模型和长距离的多路径衰减模型。基于理论和测试的无线信号传播模型可知，室内和室外信道的平均接收信号功率随距离的变化呈对数衰减。对于任意的发射机和接收机距离，平均大尺度路径损耗[3]为：

$$\overline{PL}(d) \propto \left(\frac{d}{d_0}\right)^n \tag{8-1}$$

式中，n 为路径损耗指数，体现了距离长度对路径损耗的影响程度，在不同的环境下路径损耗指数不同。本章将使用文献 [4] 中近似建筑物内视距传播的路径损耗指数 $n = 1.6 \sim 1.8$，为便于后续具体数值计算取 $n = 1.7$。

$$\begin{cases} E_{\mathrm{Rec}}(k,d) = E_{\mathrm{Rec\text{-}elec}}(k) = kE_{\mathrm{elec}} \\ E_{\mathrm{Tra}}(k,d) = E_{\mathrm{Tra\text{-}elec}}(k) + E_{\mathrm{Tra\text{-}amp}}(k,d) = kE_{\mathrm{elec}} + k\varepsilon_{\mathrm{fx}}d^{1.7} \end{cases} \tag{8-2}$$

式中，$E_{\mathrm{Rec}}(k,d)$、$E_{\mathrm{Tra}}(k,d)$ 分别为在收、发距离为 d 时传输 k 比特数据的能耗；E_{elec} 为 1 个比特数据在无线传感器节点中进行信号的数字编码、调制解调、滤波和节点内的传输等电子器件所消耗能量；$\varepsilon_{\mathrm{fx}}$ 为距离衰减放大器的系数；d_0 为收发能耗判断阈值，它设置如下：

$$d_0 = \frac{4\pi\sqrt{Lh_{\mathrm{Tra}}h_{\mathrm{Rec}}}}{\lambda} \tag{8-3}$$

式中，L 为无线传输损耗；h_{Tra} 为发送天线的高度；h_{Rec} 为接收天线的高度；λ 为电磁波的波长。

此外，考虑节点在转发数据时的数据融合，假设 E_{data} 为 1 个节点融合单位比特所需要的能量，则经过特定的节点转发融合 m 个节点 k 比特所需要的能量为：

$$E_{\mathrm{DA}} = mkE_{\mathrm{data}} \tag{8-4}$$

节点传输半径的确定是部署网络的关键问题之一[4]。当节点距离 l 固定时，传输半径 R 越大，则节点经过越少的跳数到达簇首或基站，即网内梯度层次就越少。网络节点总跳数反映了网络规模和节点传输半径的关系，是衡量能耗的重要因素。网络节点总跳数 $H_{\mathrm{sum\text{-}L}}$ 和各个节点梯度层次数 L_i 的关系如下：

$$H_{sum-L} = \sum_{i=1}^{N} L_i \qquad (8-5)$$

式中，N 为网络节点数。

通过式（8-2）~式（8-5）可得无线传感节点信道能耗衰减的两个模型：

（1）当 $R \leqslant d_0$ 时，不考虑数据融合，链上所有传感器给簇首发送 y 比特数据的能耗 E_f：

$$E_f = (N + H_{sum-L})(2E_{elec} + \varepsilon_{fx}d^{1.7})y \qquad (8-6)$$

（2）当 $R \leqslant d_0$ 时，考虑数据融合，一次传感网内完全融合压缩（每个节点都发送一次包头部分 y_h 比特和数据部分 y_d 比特的数据，到簇首进行数据融合）所需能量 E：

$$E = (N + H_{sum-L})(2E_{elec} + \varepsilon_{fx}d^{1.7})(y_h + y_d) + H_{sum-L}E_{data}y_h \qquad (8-7)$$

式中，y_h、y_d 分别为包头、数据比特数。

8.3 无线传感器网络节点静态部署策略

为了实现无线传感节点的静态优化部署，除了建立上述信道衰减模型外，还需进一步研究部署策略。

8.3.1 节点静态部署策略实现步骤

节点静态部署策略实现步骤如下：

（1）对实际无线传感器网络节点部署环境进行简化，进一步拆分，并建立平面坐标系；

（2）根据拆分后无线传感器节点部署环境平面图，建立相应信道衰减模型；

（3）结合坐标系平面图，利用建立无线信道衰减模型，分析计算确定传输半径；

（4）对类似图 8-2 的节点部署环境，分别分析研究后，进行仿真计算。

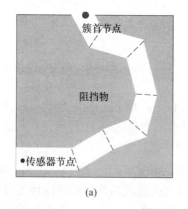
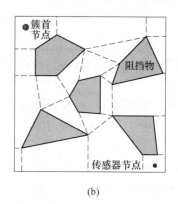

(a)　　　　　　　　　　　　　　　(b)

图 8-2　图形分割方法
（a）相邻线段可视分割；（b）MAKLINK 图形分割

对图 8-1（a）先采用相邻转折线段可视分割方法（见图 8-2（a））进行整体分割，然后对分割后产生的线段进行控制间隔长度的分割并产生带有坐标的分割点，再结合步骤（2）中信道衰减模型计算各个分割点之间的传输数据能量消耗权值，最后利用蚁群算法结合分割点之间数据传输能耗权值矩阵和分割点坐标进行搜索计算，找到更佳的部署线路并绘图，计算线路上整个能量消耗。

对图 8-1（b）先按 MAKLINK 图论方法进行分割并产生 MAKLINK 线段[5]，然后对所有的 MAKLINK 线段（见图 8-2（b））进行中点分割确定线段中点坐标，再使用迪杰斯特拉算法[6]搜索选定节点部署初步路线，接着使用蚁群算法进行后续计算，获得更佳的部署线路并绘图，计算线路上整个能量消耗。

（5）分析仿真结果，确定节点部署个数，进行节点实际部署。

8.3.2　基于蚁群算法的静态无线传感器节点部署

蚂蚁系统可分为三大模型[7]，分别是蚁密系统（ant-denstiy system）、蚁量系统（ant-quantity system）和蚁周系统（ant-cycle system），三种都属于蚂蚁优化算法（ant colony optimization algorithms，ACO）。本章选用蚁周系统，并从以下方面加以实现：

（1）评价函数。无线传感器网络节点在有阻挡环境中部署，进行静态优化部署的最终目标是减少 WSN 的通信能耗，实际表现为部署节点的通信路径长度最短，因此选蚂蚁爬行路程长度作为评价参数。

本问题中，每代所有蚂蚁以最远的无线传感器节点所在位置为出发点，以簇首节点为目的节点，经历 n 步后到达目的节点，最终形成一个从出发点到目的点的非环路径序列 $D = \{e_0 e_1 \cdots e_k \cdots e_{n-1} e_n\}$（$e_k$ 表示蚂蚁第 k 步所选择的节点）。则评价函数表示为：

$$\min w = \sum_{i=0}^{n-1} d_{e_k e_{k+1}} \tag{8-8}$$

式中，n 为总的行走步数；$d_{e_k e_{k+1}}$ 为蚂蚁走过相邻点之间的路径长度。

（2）概率选择策略。蚂蚁选择下一点采用伪随机比例规则，这样可以让蚂蚁既可以利用本问题的先验信息进行选择，又可以让蚂蚁有倾向性的探索，使求解得到的解有全局性。一只位于 i 点的蚂蚁选择下一个节点 j 的选择转移规则如下：

$$j = \begin{cases} \mathrm{argmax}_{u \in allowed_k} \{ [\tau(i,u)]^\alpha \cdot [\eta(i,u)]^\beta \} & \text{若 } q \leqslant q_0 \\ J & \text{否则} \end{cases} \tag{8-9}$$

$$P_{ij}^k(t) = \begin{cases} \dfrac{[\tau(i,j)]^\alpha \cdot [\eta(i,j)]^\beta}{\sum\limits_{u \in allowed_k} [\tau(i,u)]^\alpha \cdot [\eta(i,u)]^\beta} & \text{若 } j \in allowed_k \\ 0 & \text{否则} \end{cases} \tag{8-10}$$

式中，$allowed_k$ 为蚂蚁 k 下一步允许选择点的集合；α，β 分别反映了蚂蚁在选择路径时，爬行过程中所积累的信息素和启发信息的相对重要性；$\tau(i,u)$ 为边 (i,u) 上的信息素强度；$[\tau(i,u)]^{\alpha}$ 为信息素强度因数；$\eta(i,u)$ 为边 (i,u) 的能见度，反映由点 i 转移到点 j 的启发程度；$[\eta(i,u)]^{\beta}$ 为能见度因数；q 为在 $[0,1]$ 区间均匀分布的随机数；q_0 为一个参数（$0 \leq q_0 \leq 1$）；J 为根据式（8-9）给出的概率分布选出一个随机变量；$P_{ij}^k(t)$ 为蚂蚁 k 的转移概率；j 为尚未经过的节点。

（3）禁忌判断规则。采用蚁群算法时需要离散化建立的模型，于是对图 8-2 所分割形成的虚线段进行离散处理，离散后每个虚线段上有若干分割点，这些相邻分割点之间的距离相等。在后面仿真部分将使用 Matlab 进行仿真实验，本章的禁忌判断规则有两种。一种是预先设置的禁忌判断规则，其又包括两种：线段之间禁忌判断规则和线段内部禁忌规则。线段之间禁忌判断规则的作用是防止穿透阻碍物的连线，如图 8-3（a）所示 S_1S_3 的连线穿透了之间的障碍物。线段内部禁忌判断规则作用是防止蚂蚁在选择下个节点时仍然选择本线段上节点造成蚂蚁爬行的曲折，如图 8-3（b）所示点 S_5 到点 S_6 转移造成了点 S_4 到点 S_7 曲折，即使连线延长。另一种是仿真时禁忌判断规则。这个禁忌规则是由元素为 0 或 1 构成的行向量，作用是记录每只蚂蚁走过的点和没有走过的点，防止蚂蚁重复走已经走过的点。

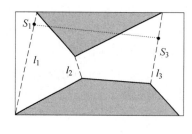 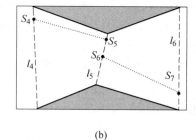

(a) (b)

图 8-3 线段禁忌情况

(a) 线段间；(b) 线段内

（4）信息素更新策略。在蚁周模型中，$\Delta\tau_{ij}^k(t,t+n)$ 表示蚂蚁 k 经过 n 步完成一次循环后路径 (i,j) 上信息素的更新值。具体由式（8-11）给出：

$$\Delta\tau_{ij}^k(t,t+n) = \begin{cases} \dfrac{Q}{L_k} & \text{如果蚂蚁 } k \text{ 本次循环中进过路径 } (i,j) \\ 0 & \text{否则} \end{cases} \quad (8\text{-}11)$$

$$\Delta\tau_{ij}(t,t+n) = \sum_{k=1}^{m} \Delta\tau_{ij}^k(t,t+n) \quad (8\text{-}12)$$

$$\Delta\tau_{ij}(t+n) = (1-\rho)\tau_{ij}(t) + \Delta\tau_{ij}(t,t+n) \quad (8\text{-}13)$$

式中，L_k 为第 k 只蚂蚁在此次循环中所走的路径长度；$\Delta\tau_{ij}(t,t+n)$ 为在时刻 $(t,$

$t + n$) 的循环中路径 (i, j) 的信息素的增量；$\Delta\tau_{ij}(t + n)$ 为 $t + n$ 时刻路径 (i, j) 上信息素的量。

8.4 仿真试验与分析

8.4.1 参数的确定

根据图 8-1（a）和图 8-1（b）分别进行仿真。假定部署环境中网络中相邻节点之间的距离 l 最大距离为 35m，使用的是 WSN 中比较常见的 ZigBee 协议下 CC2530 模块的无线载频 2.4GHz，其他参数设置为 $h_{\mathrm{Tra}} = 0.4\mathrm{m}$，$h_{\mathrm{Rec}} = 0.4\mathrm{m}$，$L = 1$。通过载波波长计算公式计算波长：$\lambda = \dfrac{c}{f} = \dfrac{3 \times 10^8}{2.4 \times 10^9} = 0.125(\mathrm{m})$；将这些参数带入式（8-3），得到 $d_0 = \dfrac{4\pi\sqrt{Lh_{\mathrm{Tra}}h_{\mathrm{Rec}}}}{\lambda} = \dfrac{4\pi \times \sqrt{1 \times 0.4 \times 0.4}}{0.125} = 40.192(\mathrm{m})$；式（8-6）和式（8-7）需要的参数值设置见表 8-1。

表 8-1　能耗模型参数值

参　　量	参　数　值
$E_{\mathrm{elec}}/\mathrm{nJ} \cdot \mathrm{bit}^{-1}$	50
$\varepsilon_{\mathrm{fx}}/\mathrm{nJ} \cdot (\mathrm{bit} \cdot \mathrm{m}^2)^{-1}$	10
$E_{\mathrm{data}}/\mathrm{pJ} \cdot (\mathrm{bit} \cdot \mathrm{single})^{-1}$	5
$y_{\mathrm{h}}/\mathrm{byte}$	3
$y_{\mathrm{d}}/\mathrm{byte}$	3

8.4.2 对于图 8-1（a）环境的仿真

（1）对于实际工程环境，通过地理位置测量得到平面地形分布图。本章使用的仿真坐标范围为 162m × 162m。传感器节点坐标为 (7, 16)，簇首坐标为 (73, 162)。

（2）对图 8-4 的自由空间巷道进行相邻线段可视分割。分割后各个线段的起始坐标见表 8-2。

（3）对图 8-2（a）每个线段进行最小单位为 0.25m 分割，获取分割点坐标。

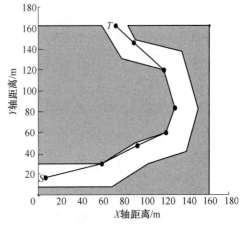

图 8-4　在狭长空间节点部署图

表 8-2 线段起始点

线段序号	起点/m	终点/m
1	(0, 7)	(0, 29)
2	(70, 7)	(60, 29)
3	(104, 29)	(92, 49)
4	(140, 41)	(121, 59)
5	(151, 82)	(129, 83)
6	(136, 137)	(119, 119)
7	(92, 148)	(79, 130)
8	(85, 162)	(60, 162)

（4）生成具有禁忌作用的距离权值矩阵，在 MATLAB R2009a 中编写蚁群算法程序，进行仿真。蚁群算法参数设置如下：信息素积累影响因子 $\alpha = 1$，启发信息影响因子 $\beta = 2$，信息素蒸发系数 $\rho = 0.3$，信息素增强系数 $Q = 30$，最大迭代次数 $k = 100$，每代蚂蚁个数 $m = 30$，对新路径探索控制参数 $q_0 = 0.85$。

从图 8-5 中可以看出所提出的蚁群算法的优化效果很好。从图 8-5 中可以得到基于这个方法蚁群算法的收敛性良好，能很好地解决这类问题。为了方便比较，将一般的部署（节点部署在狭长空间中心线上）和经过蚁群算法优化部署进行优化结果比较，见表 8-3。

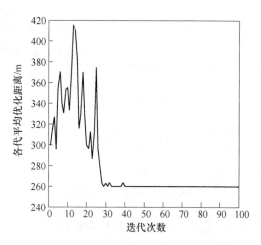

图 8-5 基于蚁群算法平均路线长度收敛曲线

表 8-3 普通部署和 ACO 算法优化部署对比

项 目		普通部署	ACO 算法优化部署	优化提高率/%
路径长度/m		282.10	248.21	12.01
中间节点部署个数		8	7	12.50
节点总数		10	9	10.00
节点平均距离/m		31.34	31.03	0.99
传输能耗/nJ	不考虑数据融合	273225.124	223421.35	18.23
	考虑数据融合	273230.52	223425.67	18.23

从表 8-3 中可以看出，相比普通部署，蚁群算法优化后，在传输路径长度上可减少 12.01%，在传输能耗上可节约 18.23%。在此种情况下，蚁群算法优化

部署能很好地节约无线传感网络能耗,延长使用寿命。

8.4.3 对于图8-1 (b) 环境的具体操作仿真

(1) 对于实际工程环境,通过地理位置测量得到平面地形分布图。本章使用的仿真坐标范围为165m×165m。传感器节点坐标为(155.5,7),簇首坐标为(11.5,148)。障碍物位置坐标,见表8-4。

表8-4 阻挡物主要坐标

阻挡物序号	构成阻挡物的重要坐标
1	(45,141)、(75,126)、(45,99)、(22,99)、(22,126)
2	(142.5,140)、(161,102)、(105,80)、(113,111)
3	(106,58)、(150,58)、(156,18)、(138,18)
4	(28,64)、(80,38)、(7,24)
5	(92,98)、(92.5,60)、(69,61)、(59,77.5)、(68,93.5)

(2) 对图8-2 (b) 的有障碍物空间采用MAKLINK图论方法进行分割。

(3) 以MAKLINK线段的中点为基础进行可行性路径搜索和绘制。

(4) 使用迪杰斯特拉算法在可行性路径的基础上再次优化无线传感器网络节点部署位置线路图,如图8-6所示。迪杰斯特拉算法在这里的作用是在这个复杂有岔道的环境中初步确定部署范围。

(5) 对迪杰斯特拉算法寻找的路径上的线段进行最小单位为1m的分割。

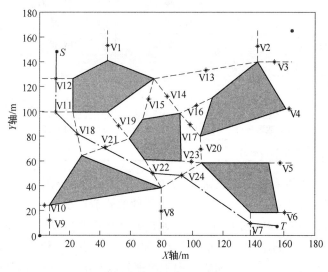

图8-6 基于迪杰斯特拉算法节点部署初步规划线路

(6) 使用蚁群算法在迪杰斯特拉优化的基础上更进一步优化蚁群算法参数

设置如下：信息素积累影响因子 $\alpha = 1$，启发信息影响因子 $\beta = 5$，信息素蒸发系数 $\rho = 0.3$，信息素增强系数 $Q = 30$，最大迭代次数 $k = 300$，每代蚂蚁个数 $m = 30$，对新路径探索控制参数 $q_0 = 0.88$。通过仿真计算求得迪杰斯特拉算法下的解为 226.12m，评价函数的解 $w = 213.8813$m。从图 8-7（b）可以明显看出优化结果更好，为了方便比较，表 8-5 给出了迪杰斯特拉算法和迪杰斯特拉算法基础上的蚁群算法优化结果对比。

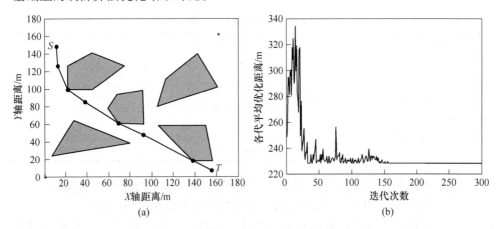

(a)   (b)

图 8-7   基于迪杰斯特拉-蚁群算法的节点部署线路和平均路线长度收敛曲线

（a）节点部署线路；（b）平均线路长度收敛曲线

表 8-5   迪杰斯特拉算法和迪杰斯特拉-ACO 算法优化部署结果对比

项　　目		迪杰斯特拉算法优化的路径	迪杰斯特拉-ACO 算法优化的路径	后者相对前者的优化提高率/%
路径长度/m		226.12	213.88	5.41
中间节点个数		6	6	0
节点总数		8	8	0
节点平均距离/m		32.30	30.55	5.42
传输能耗/nJ	不考虑数据融合	179156.06	178581.80	0.32
	考虑数据融合	179159.42	178585.16	0.32

从表 8-5 中可以看出，迪杰斯特拉与蚁群算法结合优化比直接使用迪杰斯特拉算法在路径长度上提高了 5.41%。即使两种部署节点数量相等的情况下，在传输能耗上后者仍有 0.32% 的节约。说明通过此优化策略可以达到无线传感器网络节点的更好部署，并能达到节约能量损耗的目的。从表 8-3 和表 8-5 的对比发现，当两种部署节点方式中节点之间的平均距离差距较小时，部署节点的数量越少则整个网络的传输能耗节约越多。简而言之，在部署节点时，既要减少整个网络的传输路径，又要减少部署节点的数量，才能让能耗节约更多。

参 考 文 献

［1］ 肖德琴，王景利，罗锡文 . 大规模农田传感器网络通信能耗模型［J］. 计算机科学，2009，8：75～78.

［2］ 朱红松，孙利民，徐勇军，等 . 基于精细化梯度的 WSN 汇聚机制及分析［J］. 软件学报，2007，5：1138～1151.

［3］ Heinzelman W B, Chandrakasan A P, Balakrishnan H. An application-specific protocol architecture for wireless microsensor networks［J］. IEEE Transactions on Wireless Communications, 2002, 1 (4)：660～670.

［4］ 拉帕波特 . 无线通信原理与应用［M］. 北京：电子工业出版社，2012：95～113.

［5］ Tan Guanzheng, He Huan, Sloman Aaron. Ant colony system algorithm for real-time globally optimal path planning of mobile robots［J］. Acta Automatica Sinica, 2007, 33 (3)：279～285.

［6］ 樊平毅 . 网络信息论［M］. 北京：清华大学出版社，2009：48～50.

［7］ Dorigo M, Maniezzo V, Colorni A. Positive feedback as a search strategy［R］. Italy：IRIDIA, Politecnico di Milano, 1991.

9 基于 WSN 的定位算法研究

9.1 WSN 定位技术研究

9.1.1 测距方法

常用的测距方法如下：

（1）接收信号强度指示（received signal strength indicator，RSSI）法。接收信号强度节点接收无线信号的强度大小。该测距方法实现比较简单，但是误差大，精确度低，随机误差可以达到 ±50%。

（2）到达时间法。到达时间法（time of arrival，TOA）根据信号来回传输的时延来估计两节点间的距离，具有较高的测量精度。因为无线信号的传播速度非常快，时间测量上的小误差都可能导致距离上产生很大的误差值。此外，它对节点的计算能力有较高的要求。图 9-1 所示为 TOA 声波测距原理图。

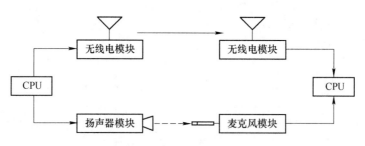

图 9-1　使用声波进行测距

（3）到达时间差法。到达时间差法（time difference of arrival，TDOA）[1] 与到达时间法不同的是，到达时间差法不需要发送方和接收方的时钟同步，而对接收节点之间的时间有同步要求。如图 9-2 所示，发送节点同时发送无线射频信号和超声波信号，接收节点记录的信号到达时间分别为 t_1 和 t_2。假设无线射频信号与超声波信号的传播速度分别为 c_1 和 c_2，则两点间的距离为：

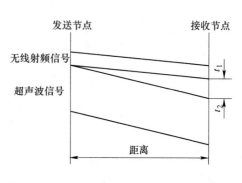

图 9-2　基于到达时间差法的测距原理图

$$d = \frac{c_1 c_2}{c_1 - c_2} \times (t_2 - t_1) \tag{9-1}$$

（4）到达角法。到达角法（angle of arrival，AOA）[2]通过天线阵列或多个无线接收器来测量无线信号的达到方向。如图9-3所示，利用话筒阵列实现到达角法定位。

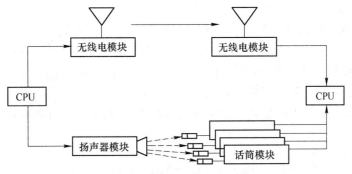

图 9-3　到达角法定位示意图

MIT 的 Criket Compass[3]等科研项目通过多个接收器测量到达角，并且能够在 40°~5°的范围内接收信号的方向。

到达角法有额外的硬件要求，在体积和功耗上对节点提出了更严格的标准。

9.1.2　节点位置的计算方法

节点位置的计算有以下一些方法：

（1）三边测量法。三边测量法是一种几何计算坐标的方法。三个节点 A，B，C 的坐标已知，分别是 $(x_i, y_i)(i = a, b, c)$，这三个锚节点到未知节点 $M(x, y)$ 的距离分别为 d_a, d_b, d_c，则有：

$$\begin{cases} \sqrt{(x - x_a)^2 + (y - y_a)^2} = d_a \\ \sqrt{(x - x_b)^2 + (y - y_b)^2} = d_b \\ \sqrt{(x - x_c)^2 + (y - y_c)^2} = d_c \end{cases} \tag{9-2}$$

由式（9-2），计算得到 M 的坐标：

$$\begin{bmatrix} x \\ y \end{bmatrix} = \begin{bmatrix} 2(x_a - x_c) & 2(y_a - y_c) \\ 2(x_b - x_c) & 2(y_b - y_c) \end{bmatrix}^{-1} \begin{bmatrix} x_a^2 - x_c^2 + y_a^2 - y_c^2 + d_a^2 - d_c^2 \\ x_b^2 - x_c^2 + y_b^2 - y_c^2 + d_b^2 - d_c^2 \end{bmatrix} \tag{9-3}$$

经过以上的分析可知，这种测量方法非常简单。但是，由于无线传感器网络节点受到各种限制，导致节点间测距误差较高，可能会发生三圆不交于一点的情况。若三圆无法交于一点，则此法行不通，这个时候就需要使用最大似然估计法来处理。

（2）三角测量法。三角测量法的基本原理如图9-4所示。

假设未知节点 M 的坐标是 (x, y)，三个节点 A_1, A_2, A_3 的坐标依次是 (x_{a1}, y_{a1})、(x_{a2}, y_{a2})、(x_{a3}, y_{a3})，未知节点 A 到锚节点 A_1，A_2，A_3 的角度依次是 $\angle A_1MA_2, \angle A_1MA_3, \angle A_2MA_3$。针对节点 A_1，A_2，A_3 以及 $\angle A_1A_2A_3$，假设弧 A_1A_3 在 $\triangle A_1A_2A_3$ 的范围里面，则仅可以得到一个圆。如果圆心的坐

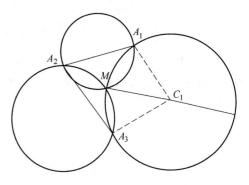

图9-4　三角测量法的几何意义

标是 $C_1(x_{c1}, y_{c1})$，半径是 d_1，则 $\alpha = \angle A_1C_1A_3 = (2\pi - 2\angle A_1MA_3)$。因此有：

$$\begin{cases} \sqrt{(x_{c1} - x_{a1})^2 + (y_{c1} - y_{a1})^2} = d_1 \\ \sqrt{(x_{c1} - x_{a3})^2 + (y_{c1} - y_{a3})^2} = d_1 \\ \sqrt{(x_{a1} - x_{a3})^2 + (y_{a1} - y_{a3})^2} = 2d_1^2 - 2d_1^2\cos\alpha \end{cases} \tag{9-4}$$

由式（9-4）可得算出圆心 C_1 的坐标和半径 d_1。类推可知，A_1MA_2 的圆心坐标是 $C_2(x_{c2}, y_{c2})$，半径是 d_2；$\angle A_2MA_3$ 的圆心坐标是 $C_3(x_{c3}, y_{c3})$，半径是 d_3。接下来依据三边测量法，通过点 $A(x, y)$，$C_1(x_{c1}, y_{c1})$，$C_2(x_{c2}, y_{c2})$，$C_3(x_{c3}, y_{c3})$ 计算得到 M 点的坐标。

（3）极大似然估计法。极大似然估计法与三边测量法的原理类似。已知有 m 个节点的坐标是 $(x_i, y_i)(i = 1, 2, \cdots, m)$，它们到未知节点的距离为 $r_i(i = 1, 2, 3, \cdots, m)$。假设未知节点 M 的坐标是 (x, y)，则有：

$$\begin{cases} (x_1 - x)^2 + (y_1 - y)^2 = r_1^2 \\ \vdots \\ (x_m - x)^2 + (y_m - y)^2 = r_m^2 \end{cases} \tag{9-5}$$

整理得

$$\begin{cases} x_1^2 - x_m^2 - 2x(x_1 - x_m) + y_1^2 - y_m^2 - 2y(y_1 - y_m) = r_1^2 - r_m^2 \\ \vdots \\ x_{m-1}^2 - x_m^2 - 2x(x_{m-1} - x_m) + y_{m-1}^2 - y_m^2 - 2y(y_{m-1} - y_m) = r_{m-1}^2 - r_m^2 \end{cases} \tag{9-6}$$

将式（9-6）中的线性方程组表示为：$\boldsymbol{AX} = \boldsymbol{d}$。

$$\boldsymbol{A} = 2\begin{bmatrix} x_1 - x_m & y_1 - y_m \\ \vdots & \vdots \\ x_{m-1} - x_m & y_{m-1} - y_m \end{bmatrix}, \quad \boldsymbol{d} = \begin{bmatrix} r_m^2 - r_1^2 + x_1^2 - x_m^2 + y_1^2 - y_m^2 \\ \vdots \\ r_m^2 - r_{m-1}^2 + x_{m-1}^2 - x_m^2 + y_{m-1}^2 - y_m^2 \end{bmatrix}, \boldsymbol{X} = \begin{bmatrix} x \\ y \end{bmatrix}$$

$$\tag{9-7}$$

利用最小二乘法，可以计算出节点 M 的坐标为：

$$\hat{X} = (A^\mathrm{T}A)^{-1}A^\mathrm{T}d \tag{9-8}$$

9.1.3 典型的节点定位算法

典型的节点定位算法如下：

（1）质心算法。质心算法是南加州大学的 Nirupama Bulusu 教授提出来的基于网络连通性的室外定位算法[4]。其基本思想是基于几何学中的质心原理，多边形的几何中心称为质心，如图 9-5 所示，节点 $M(x,y)$ 接收并保留来自 n 个信标节点 $P_1(x_1,y_1),P_2(x_2,y_2),P_3(x_3,y_3),\cdots,P_n(x_n,y_n)$ 发送的分组，它的质心坐标为：$(x,y) = \left(\dfrac{x_1 + x_2 + \cdots + x_n}{n}, \dfrac{y_1 + y_2 + \cdots + y_n}{n}\right)$。

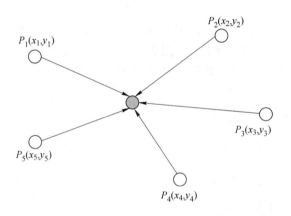

图 9-5 质心定位算法图示

由于质心算法完全基于网络连通性，它的计算量和实现都较为简单，通信小、扩展性好，但精度不高，仅适用于粗精度定位的场合。

（2）APIT 定位算法。APIT（approximate point in triangle）[5] 被称为三角形内点测试定位算法。属于非测距定位算法的一种。其基本思想是：由信标节点组成的三角形区域来确定未知节点的位置。在 APIT 算法中，未知节点首先需知道相邻锚节点的位置信息，从中任选 3 个构成三角形。假设共有 N 个信标节点，则可确定 C_N^3 个不同的三角形区域，对所有的三角形逐一测试看未知节点是否位于其内部，所有包含未知节点的三角形区域都会有重叠的部分，算出重叠的多边形质心就可以判断未知节点的位置了。

APIT 算法的核心在于如何判别未知节点是否位于三角形区域的内部，而 PIT（perfect point-in-triangulation test）算法的发明就是专门来解决这个问题的。如图

9-6 所示，若存在一个方向，使得 M 沿一个方向会同时接近或远离顶点 A，B，C，则 M 处于三角形外部，否则的话，则在三角形内部。

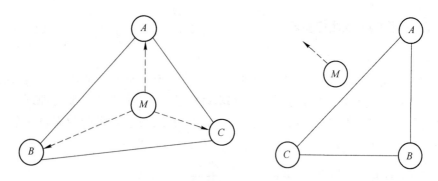

图 9-6 PIT 原理示意图

如图 9-7（a）中，未知节点 M 无论怎样移动，都无法同时远离 A，B，C 三点，因此判定 M 在 △ABC 内部。而图 9-7（b）中若 M 点向 "2" 点方向移动会同时远离 A，B，C 三个点，此时 M 不在 △ABC 内部。

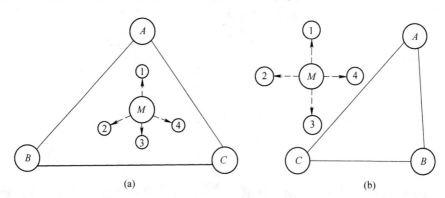

图 9-7 APIT 原理示意图

APIT 算法功耗低、价格低、定位精度较高；但是它也有缺点，若整个网络的节点分布不均或未知节点非常靠近三角形的某条边时，PIT 测试算法就很有可能出现误判。APIT 算法适用于节点相对密集的场合。

（3）DV-Hop 定位算法。DV-Hop 是由 D. Niculescu 和 B. Nath 等人提出的[6]。基本思想如下：通过距离矢量路由法使未知节点获得与信标节点之间的最小跳数。当未知节点获得了三个或以上的锚节点的位置信息时，再运用三边测量法等基本方法确定自身的位置，具体算法如图 9-8 所示，已知 $B_1B_2 = 40$，$B_2B_3 = 75$，$B_1B_3 = 100$，相应的跳数分别为 2 跳、3 跳、5 跳。未知节点 U 与 B_2 的距离最近，它会从该节点获得平均跳距参数 $a = (40 + 75)/(4 + 4)$，可以求得 U 与 3 个锚

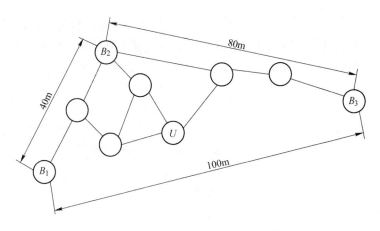

图 9-8 DV-Hop 算法距离估算示意图

节点之间距离为 $B_1 = 3a$，$B_2 = 2a$，$B_3 = 3a$，然后通过三边测量法算出节点 U 坐标。

DV-Hop 算法应用比较简单，也无需测距，可以很好地避免测量带来的误差，且不需要额外的网络设备；缺点是它只在各向同性的密集网络中，才能合理地估算出平均跳数。

9.2 基于 RSSI 的质心定位算法及其改进

9.2.1 RSSI 测距原理

RSSI 算法利用无线信号传输时信号强度的衰减特性，RSSI 测距的原理就是将传播过程中的能量信息转换为与之相对应的距离信息。RSSI 的实现目前主要通过传感器节点中所带的射频芯片[7]。目前应用范围最广的 RSSI 芯片为 TI/Chipcon 公司的 CC2430 芯片[8]，它将多种实用的内外围资源集中在一起。

9.2.2 RSSI 测距模型的建立

常用的路径损耗模型有自由空间模型、布灵顿模型、EgLi 模型、Hata-Oku-mura 模型。本章选择自由空间模型。

在自由空间中，接收信号强度 $P_r(d)$ 与到发送机的距离 d 的平方成反比，如式（9-9）所示：

$$P_r(d) = \frac{P_t G_t G_r \lambda^2}{(4\pi)^2 d^2} \tag{9-9}$$

式中，P_t 为发射功率；G_t 为发射天线增益；G_r 为接收天线增益；λ 为发射信号的波长。

上述公式是在所谓的自由空间中，没有任何障碍物影响信号的发射和接收，是基于一种理想状态。然而实际操作时，信号传播受到反射、散射、衍射等的影响。而这些影响与周围环境密切相关。因此常用如下经验公式：

$$P_r(d) = P_0(d_0) - 10n_p \lg\left(\frac{d}{d_0}\right) + X_\sigma \tag{9-10}$$

式中，$P_0(d_0)$ 为已知距离发射机 d_0 处的参考信号强度，dB·mW；n_p 为路径衰减系数且与特定环境有关；X_σ 为一个服从正态分布的随机变量。

接收端接收到的信号强度用式（9-11）表示：

$$P_r(d) = P_t + G_t - G_r \tag{9-11}$$

简化的信号衰减模型即为式（9-12）：

$$RSSI(d) = \begin{cases} P_t - 40.2 - 10 \times 2 \times \lg d & d \leq 8\text{m} \\ P_t - 58.5 - 10 \times 3.3 \times \lg d & d > 8\text{m} \end{cases} \tag{9-12}$$

由式（9-12）可知，若信号发射功率 P_t 已知，则定位节点到参考节点的距离可以由式（9-12）计算出来。

令 $d = 1\text{m}$，将其代入式（9-10），得到此时的 $P_r(d_0)$ 值，式（9-10）变为式（9-13）：

$$d = 10^{\frac{P_r(d) - x_\sigma - P_r(d_0)}{10n}} \tag{9-13}$$

式中，$P_r(d) - X = P_t - RSSI$ 节点的发射功率 P_t 已知，而 $P_r(d)$ 也已知，则 d 随 $RSSI$ 和路径损耗因子 n 的变化相应发生变化。式（9-13）变形简化可得式（9-14）：

$$RSSI = -(10n \times \lg d + A) \tag{9-14}$$

由式（9-14）可知，A 与 n 的值决定了 $RSSI$ 和传输距离 d 的关系。假定路径损耗因子 n 不变，在发射信号功率 A 不同时，由经验可知无线信号在近距离传输时信号急剧衰减，当到达一定距离时，传播信号呈线性平稳衰减。再假定 A 不变，在 n 取值较小的情形下，传播信号衰减程度也较小，信号传播距离较大。

在用 A 和 n 计算距离的时候，最需解决的就是 A 和 n 的取值。A 和 n 取值不同，测距误差也会不同。为了使模型更加真实，必须对 A 和 n 进行优化，找到最合适的值。在不同环境下选取恰当的 A 和 n 值能在一定程度上提高测量的精度。

9.2.3 基于最小二乘法的参数估计

在各种不同的环境下，测距模型的参数 A 和 n 也不同。因此对于具体的环境要拟合出适合该环境的测距模型的参数 A 和 n 的值。在测得接收信号强度 $RSSI$

值和距离 d 间的多组数据之后，本章通过最小二乘法进行参数估计。

（1）一元线性回归模型。若随机变量 Y 与可控制变量 X 满足式（9-15），则称 Y 与 X 存在线性相关，并称式（9-15）为一元正态线性回归模型。

$$Y = a + bx + \varepsilon, \quad \varepsilon \sim N(0, \sigma^2) \tag{9-15}$$

式中，a、b、σ^2 为未知参数。

模型式（9-15）中，b 为回归系数。可以看出，随机变量 Y 由两部分组成，x 的线性函数 $a + bx$ 和随机误差 ε。

本系统采用的测距模型为：$RSSI = -(10n \times \lg d + A)$。需拟合出最适合该环境情况下的测距模型，估计出 A 和 n 的值，以提高测距精度。

（2）参数 A 和 n 的最小二乘估计。对 a，b 的估计最直观的是选取这样的 a 与 b，使得它们在 $x_1, x_2, x_3, \cdots, x_k$ 各处计算的理论值 $a + bx_i$ 和实测值 y_i 的偏离达到最小。为此采用最小二乘法：求 a，b 使得

$$Q = \sum_{i=1}^{k} (y_i - a - bx)^2 \tag{9-16}$$

达到最小。利用求 Q 的极值的方法来求 a，b。即 $Q(a, b)$ 对未知参数 a 和 b 求偏导得式（9-17）：

$$\begin{cases} \dfrac{\partial Q}{\partial a} = -2 \sum_{i=1}^{k} (y_i - a - bx_i) = 0 \\ \dfrac{\partial Q}{\partial b} = -2 \sum_{i=1}^{k} (y_i - a - bx_i) x_i = 0 \end{cases} \tag{9-17}$$

整理得式（9-18）：

$$\begin{cases} na + b \sum_{i=1}^{k} x_i = \sum_{i=1}^{n} y_i \\ a \sum_{i=1}^{k} x_i + b \sum_{i=1}^{k} x_i^2 = \sum_{i=1}^{k} x_i y_i \end{cases} \tag{9-18}$$

解方程组（9-18）得到 a，b 的估计值 $\hat{a}$，$\hat{b}$ 为：

$$\hat{a} = \bar{y} - \hat{b}\bar{x} \tag{9-19}$$

$$\hat{b} = \frac{\sum_{i=1}^{k} x_i y_i - n\bar{x}\,\bar{y}}{\sum_{i=1}^{k} x_i^2 - n\bar{x}^2} = \frac{\sum_{i=1}^{k} (x_i - \bar{x})(y_i - \bar{y})}{\sum_{i=1}^{k} (x_i - \bar{x})^2} \tag{9-20}$$

其中 $\bar{x} = \dfrac{1}{k} \sum_{i=1}^{k} x_i$，$\bar{y} = \dfrac{1}{k} \sum_{i=1}^{k} y_i$，引进记号：$S_{xx} = \sum_{i=1}^{k} (x_i - \bar{x})^2$，$S_{xy} = \sum_{i=1}^{k}$

$(x_i - \bar{x})(y_i - \bar{y})$，则式（9-20）可以写成：

$$\hat{b} = \frac{S_{xy}}{S_{xx}} \tag{9-21}$$

用这两个估计值可得：

$$\hat{y} = \hat{a} + \hat{b}x \tag{9-22}$$

此方程即 Y 对 X 的线性回归方程。

由于定位模型中的 $RSSI$ 与 $\lg d$ 满足一元线性关系，所以才用最小二乘法来对参数估计。本章中的 A 和 n 值表示为：

$$A = \overline{RSSI} - n\,\overline{\lg d} \tag{9-23}$$

$$n = \frac{\sum\limits_{i=1}^{k}(\lg d - \overline{\lg d})(RSSI_i - \overline{RSSI})}{\sum\limits_{i=1}^{k}(\lg d_i - \overline{\lg d})^2} \tag{9-24}$$

其中

$$\overline{\lg d} = \frac{1}{k}\sum_{i=1}^{k}\lg d_i,\ \overline{RSSI} = \frac{1}{k}\sum_{i=1}^{k}RSSI_i$$

由此可以得出参数 A 和 n 的值。

9.2.4　算法的流程图

质心算法融合 RSSI 算法，定位效果比单一的算法好，但也有不足，融合后效率欠佳，缺点如下：

（1）RSSI 定位部分。RSSI 定位算法是低成本、低功耗的基于测距的定位算法。大量的实验结果表明，它得出的定位结果与实际结果相差比较大，主要原因在于无线信号在传播的过程中受外界环境的干扰太大，温度、地形、多径传播等都给定位造成一定的困难，降低定位的精度。

（2）质心算法部分。质心定位算法简单易懂、成本低廉、无需测距、性能良好，但想要实现算法高精度需要满足一些条件。实验表明，锚节点的分布状况对质心定位算法的精度影响较大。若分布均匀，则有很好的定位结果；但如果不均，会影响到定位的精度，此外还可能使不可定位点增多。这些是质心定位算法存在的问题。

针对上述状况，将在这两方面进行改进。第一，在 RSSI 定位完成后，对结果进行相应的误差修正，将外界环境对于 RSSI 值的影响降到尽可能低。第二，未知节点在经过质心定位获得位置信息以后，可以作为新的锚节点，继续向外不停地广播自身的位置信息。未知节点可以有两种选择，一是在锚节点分布均匀、数量合适时，只由锚节点来进行定位，二是在锚节点少甚至没有时，可以利用已经定位的未知节点来辅助定位，加强节点的可定位性。改进后的算法流程图如图 9-9 所示。

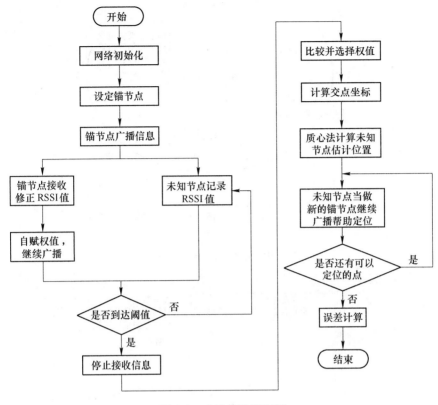

图 9-9　改进算法流程图

9.3　基于 RSSI 加权质心算法的仿真实验

9.3.1　算法仿真

仿真采用 MATLAB 7.0 模拟实验环境，比较并仿真基于 RSSI 的质心定位算法和基于 RSSI 的加权质心算法。

定位模型选择自由空间传播模型，假设节点都正常工作，实验场地为边长 20m 的正方形区域，并且设置节点的最大检测区域 $R=10m$，超过该值的节点视为无效。本实验采用控制变量法，保证其他一切条件都相同，只是定位机制不同，这样就能充分确保仿真的可信度。RSSI 质心算法和 RSSI 加权质心算法的 MATLAB 仿真图如图 9-10 和图 9-11 所示。在图 9-10 和图 9-11 中，圆形用来代表参考节点，三角形用来代表目标节点的真实位置，方形用来代表目标节点的估计位置。当估计位置越靠近真实位置，即方形靠近三角形，表明算法的精度也就越高。对比两个仿真图，可以发现，基于 RSSI 的加权质心定位算法的定位精度明显优于基于 RSSI 的质心算法的定位精度。

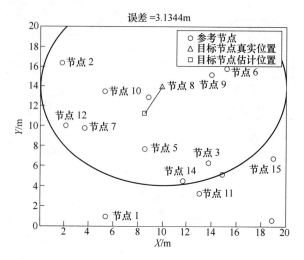

图 9-10　RSSI 质心算法仿真图

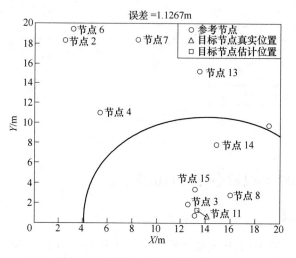

图 9-11　RSSI 加权质心算法仿真图

9.3.2　两种算法的误差对比

从仿真图 9-10 和图 9-11 中可以很清楚地得知，加权质心算法的精度高于质心算法。为了将算法精度的对比更加直观清晰地体现出来，把两种定位算法放到一个仿真图中，进行误差对比。这样可以更加直观清楚地对比出两者的误差。图 9-12 是误差对比图。由图可以清楚地知道，质心算法折线整体位于加权质心算法折线的上方，即加权质心定位的误差比质心定位的误差要小，对锚节点赋予权值的做法是行之有效的，前者的定位精度优于后者。由算法仿真图 9-10、图 9-11 和误差对比图 9-12 可以得到，基于 RSSI 的加权质心定位算法比对应的质心算的定位精度高。也就是说在质心定位算法的基础上赋予锚节点以权值，改进得到加权质心定位算法，它的性能是有改善的，与此同时精度也得到了提升。从图9-12的对比图中，对两种算法的平均误差进行分析，并做了大量仿真实验，在10m 的检测区域内，加权质心定位算法的定位精度比质心定位算法的精度高，10m 内的定位精度提高了 50%。

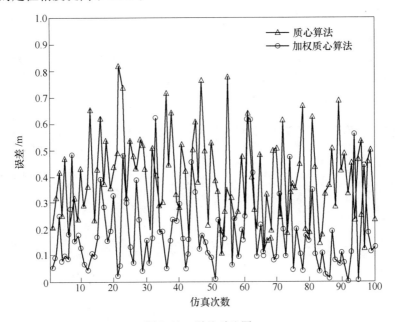

图 9-12　误差对比图

9.3.3　定位实验测试

本实验采取四点定位，打开系统界面，点击四点定位，将上下位机用串口进行连接，打开串口，即可进行实验。从前文可知，本实验的重点在于参数 A 和 n 的选择。本章参照前人经验中所给出的参数范围，结合实际的实验环境情况确定出合理的 A 和 n 值进行实验。本次试验挑选了几个有代表性的环境进行实验，分别是实验室、树林、草地、大院子。实验的实景如图9-13 所示，实

图 9-13　网关、锚节点、未知节点实物图

验系统图如图 9-14 所示。

分别在这四个场景下做了四次实验，实验采取的滤波方式为卡尔曼滤波，并采用衰减测距和衰减定位。实验结果如图 9-15 ~ 图 9-18 所示。

从实验的过程和实验的结果角度分析，不同的环境下环境因子是不一样的，因此有不同的损耗指数，一般来说环境越复杂，障碍物越多，信号的损耗越大，室外的损耗一般大于室

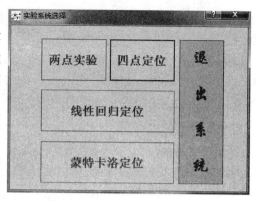

图 9-14　实验系统图

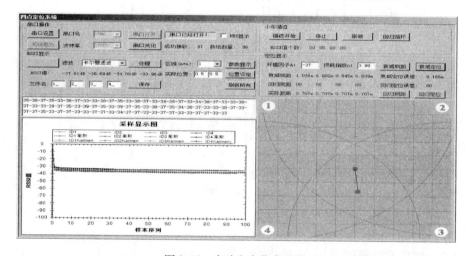

图 9-15　实验室定位实验图

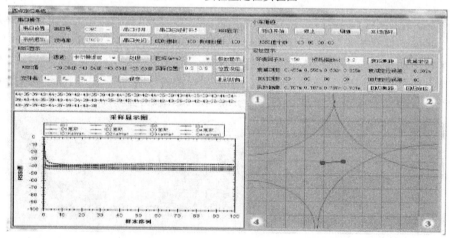

图 9-16　草地定位实验图

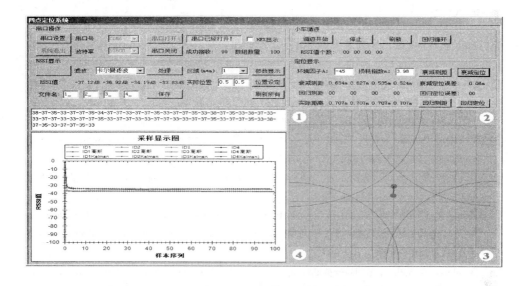

图 9-17 树林定位实验图

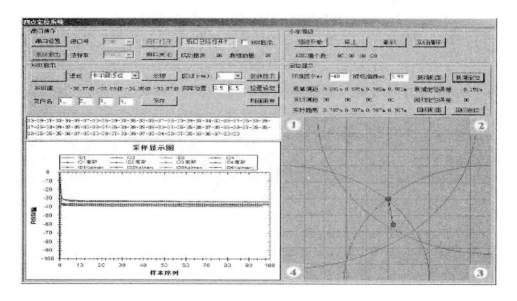

图 9-18 大院子定位实验图

内的。A 和 n 的选择非常重要，不同的参数选择会得到不一样的定位结果，产生的误差也是相当悬殊的。因此在实际的特定环境的应用中，应该尽可能地通过大量实验事先测试出该环境下的参数，再用该参数进行接下来的定位监测[9]。这样有利于定位精确度的提高。

参 考 文 献

[1] Shen G, Zetik R, Thoma R S. Performance comparison of TOA and TDOA based location estimation algorithms in LOS environment [C] // Proceedings of the 5th Workshop on Positioning, Navigation and Communication, 2008: 71 ~ 78.

[2] 毛永毅, 张颖. 非视距传播环境下的 AOA 定位跟踪算法 [J]. 计算机应用, 2011, 31 (2): 317 ~ 319.

[3] Priyantha B, Miu A K L, Balakrishnan H, et al. The criket compass for contextaware mobile applications [C] // Mobile Computing and Networking, 2001: 1 ~ 14.

[4] 李兆斌, 魏占祯, 徐凤麟, 等. WSN 增强的质心定位算法及性能分析 [J]. 传感技术学报, 2009, 22 (4): 1247 ~ 1250.

[5] Zhang A Q, Ye X R, Hu H F. Point in triangle testing based trilateration localization algorithm in wireless sensor networks [J]. KSII Transactions on Internet and Information Systems, 2012, 6 (10): 2567 ~ 2586.

[6] Niculescu D. Nath B. Ad-hoc positioning system [C] // Conference Record of IEEE Global Telecommunications conference. GLOBECOM'2001, IEEE, 2001, 5: 2926 ~ 2931.

[7] Chen Xun, Tang Hongyu, Tu Shiliang, et al. Active distributed localization algorithm for WSN [J]. Computer Engineering and Design, 2008, 29 (7): 1664 ~ 1667.

[8] Gülben Ç, Burçin BG, Burak G A , et al. Analysis of the variability of RSSI values for active RFID-based indoor applications [J]. Turkish Journal of Engineering and Environmental Sciences, 2013, 37 (2): 186 ~ 210.

[9] 孙佩刚, 赵海, 罗玎玎. WSN 链路通信质量测量研究 [J]. 通信学报, 2007, 28 (10): 14 ~ 22.

10 基于压缩感知的 WSN 数据融合技术研究

10.1 基于压缩感知的底层节点数据压缩研究

10.1.1 压缩感知的过程

压缩感知的过程包括:

(1) 稀疏分解。在压缩感知 (compressed sensing, CS) 理论中,最佳的稀疏基是信号稀疏和重构的前提条件。合适的稀疏基既可以将海量数据进行大量压缩,从而节省大量的内存空间,也可以用被压缩的少量数据进行精确重构原始信号[1]。

现考虑一维离散实数信号 x,它是 R^N 空间中 $N \times 1$ 维的列向量,设给定一组标准正交基 $\Psi = \{\psi_i\}_{i=1}^N$,如果信号 x 可用式 (10-1) 表示成 Ψ 中 K 个基向量的线性组合

$$x = \sum_{i=1}^N \alpha_i \psi_i = \Psi\alpha \tag{10-1}$$

则称 x 为 k 稀疏信号。其中 $\Psi = [\psi_1 \mid \psi_2 \mid \psi_3 \mid \cdots \mid \psi_N]$ 是可以将信号 x 稀疏化的正交稀疏基;$\alpha_i = <x, \psi_n> = \psi_i^T x$ 是加权系数 α 的列向量。由式 (10-1) 可见,x 是信号在时间域上的表示,α 是在 Ψ 变换域上的表述。

目前,信号的经典稀疏化的方法有离散余弦变换 (DCT)、傅里叶变换 (FFT)、离散小波变换 (DWT) 等。本章选用 DWT 的方法进行海量数据的压缩和精确重构。

(2) 系数分解。观测矩阵的设计是表征如何利用压缩后的 M 个测量值来精确恢复原始信号的一个重要的指标。观测矩阵的设计须以有限等距性质 (restricted isometry property, RIP) 为基本准则:即如果存在 $\delta_k \in (0,1)$,使得

$$(1 - \delta_k \|x\|_2^2) \leqslant \|Ax\|_2^2 \leqslant (1 + \delta_k) \|x\|_2^2 \tag{10-2}$$

满足所有 $x \in \sum_K = \{x: \|x\|_0 \leqslant K\}$,则称矩阵 A 满足 K 阶等距约束性质 (RIP)。

观测矩阵的设计满足如下步骤:1) 当稀疏度 K 相同时,采集数 M 要尽可能少;2) 应该遵循方便应用于硬件设计以及优化算法的实现的规则;3) 矩阵具有普遍性,且要能适用于大部分稀疏信号或可压缩信号。

（3）重构算法。压缩感知中的信号重构是指用 M 维的压缩信号 y，通过某种算法可以重构出 N 维的原始信号 x 的过程，其中 $N > M$。

现考虑已知观测矩阵 $\boldsymbol{\Phi} \in R^{M \times N}(M \times N)$ 的稀疏信号 x 的重构问题，在该矩阵下信号 x 的线性投影为 $y \in R^N$。

因为 $N > M$，所以该观测矩阵有无穷多解，很难重构出原始信号 x。如果信号 x 是 K 阶稀疏的，且满足一定的条件，那么信号 x 就可以通过求解最优范数问题从测量值 y 中重构 x，如式（10-3）所示：

$$\hat{x} = \operatorname{argmin} \| x \|_0 \quad \text{s. t.} \quad y = \boldsymbol{\Phi} x \tag{10-3}$$

最优范数问题在实际应用中可以转换为一个简单的近似形式求解，如式（10-4）所示：

$$\hat{x} = \operatorname{argmin} \| x \|_0 \quad \text{s. t.} \quad \| y - \boldsymbol{\Phi} x \|_2^2 \leq \delta \tag{10-4}$$

式中，δ 是一个极小的常量。但这是一个 N_P 级难题，仍无法求解。

10.1.2 小波连通树模型的数据压缩

小波连通树模型的数据压缩包括：

（1）小波连通树模型。如果某一个信号的小波系数集合 Ω 满足：只要某个系数 $\omega_{i,j} \in \Omega$，它的父节点 $\omega_{i-1,j/2} \in \Omega$，那么 Ω 就构成了信号小波系数的一个"连接子树"。每一个这样的集合 Ω 定义了一个支撑集包含在 Ω 里的信号的子空间，也就是所有在集合 Ω 之外的小波系数为零。这样，可以定义一个 K 阶稀疏的小波树结构的稀疏信号模型，如式（10-5）所示：

$$\Gamma_K = \left\{ x = v_0 v + \sum_{i=0}^{I-1} \sum_{j=0}^{2^i-1} \omega_{i,j} \psi_{i,j} : \omega |_{\Omega} = 0, | \Omega | = K \right\} \tag{10-5}$$

式中，Γ_K 为小波连通树模型[2]；I 为小波树的层数；Ω 形成一个连接子数集合。

（2）小波重要系数。信号经小波分解后，如图 10-1 所示，其中的小波重要系数涵盖了绝大部分的有效信息，这些重要系数可以作为信号的最优近似，文献［3］已证明，小波的重要系数具有连续性。如小波系数 $\omega_{i,j} \in \Omega$ 构成一个深度为 I 的小波连通树，并且小波树的父子关系由相邻尺度间的小波系数表示，若小波系数 $\omega_{i,j}$ 为重要系数，其父代一定是重要系数，这表明小波重要系数全部包含在小波连通树内。关于小波重要系数（节点）有以下定理：

1）在小波连通树内，以重要节点 $\omega_{i,j}$ 为初始节点，一直向上回溯到 $\omega_{0,0}$ 所经历的节点均为重要节点。

2）以小波树 n_1 层的 $\omega_{n1,j}$ 为根，在 n_1 层和 n_2 层之间的节点构成一棵满二叉树 ζ（$0 \leq n_1 \leq n_2 \leq I$），若 $\omega_{n1,j}$ 为重要节点，则 ζ 涵盖的重要节点构成连通树；若 $\omega_{n1,j}$ 为非重要节点，则 ζ 只涵盖非重要节点。

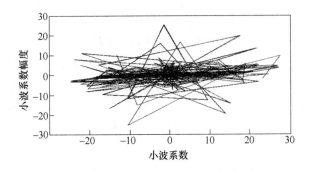

图 10-1　原始信号经小波分解后所得系数曲线图

小波系数之间的父/子关系可以用图 10-2 中的小波系数树形象地表示，图中 $\omega_{i-1,j/2} \in \Omega$ 为 $\omega_{i,j}$ 的父代，$\omega_{i+1,2j}$ 和 $\omega_{i+1,2j+1}$ 为 $\omega_{i,j}$ 的子代[4]，小正方形代表小波重要系数，其余的代表非重要系数。

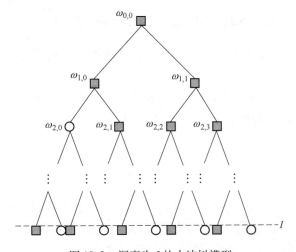

图 10-2　深度为 I 的小波树模型

（3）小波树稀疏信号模型。设一维信号 x 的长度为 $L = 2^I$（其中 I 为正整数），将该信号进行 I 尺度小波分解，小波变换式如式（10-6）所示：

$$x = v_0 v + \sum_{i=0}^{I-1} \sum_{j=0}^{2^i-1} \omega_{i,j} \psi_{i,j} \tag{10-6}$$

式中，I 为小波树的层数；v 为尺度函数；$\psi_{i,j}$ 为对应于尺度 i 和偏移 j 的小波函数。信号的小波变换组成了尺度系数 v_0 和小波系数 $\omega_{i,j}$，其中 $i\,(0 \leqslant i \leqslant I - 1)$ 为尺度，$j\,(0 \leqslant j \leqslant 2^i - 1)$ 为位置。

对图 10-2 的小波树进行分解：

1）根据小波重要系数在连通树内的分布特点，将小波树分为两部分。从零层到 n 层构成 $n+1$ 层的满二叉树，上部分记为 $\boldsymbol{H}$；从 $n+1$ 层开始，以 $\omega_{n+1,j}$

$(j = 0,1,2,\cdots,2^n)$ 为根的子树节点 $\omega_{n+1,j}$, $\omega_{n+2,2j}$, $\omega_{n+2,2j+1}$, $\cdots$, $\omega_{l,2^{l-n-1}(j+1)-1}$ 各自构成一棵满二叉树，分别记为 ξ_j，下部分记为 $\boldsymbol{\varPi}$。

2）对于深度为 l 的小波树，可以直接找到上部分 $\boldsymbol{\varPi}$ 包含的重要节点。对于下部分 $\boldsymbol{\varPi}$，由二叉树性质可知，每棵子树都不相交，且节点数相等。因此 $\boldsymbol{\varPi}$ 可以用重要系数和非重要系数表示成矩阵的形式，如式（10-7）所示：

$$\boldsymbol{\varPi} = \begin{bmatrix} \bigcirc & \heartsuit & \cdots & \heartsuit & \bigcirc \\ \bigcirc & \heartsuit & \cdots & \heartsuit & \bigcirc \\ \bigcirc & \bigcirc & \cdots & \heartsuit & \bigcirc \\ \vdots & \vdots & & \vdots & \vdots \\ \bigcirc & \bigcirc & \cdots & \heartsuit & \bigcirc \end{bmatrix} \tag{10-7}$$

式中，$\heartsuit$ 为小波重要系数；$\bigcirc$ 为小波非重要系数。

综上所述：原始信号的小波分解表示为向量 $\boldsymbol{\varPi}$ 和矩阵 $\boldsymbol{\varPi}$。

10.1.3 基于小波重要系数的树模型 CoSaMP 算法重构

基于小波重要系数的树模型 CoSaMP 算法重构单个传感器节点的原始信号，算法步骤如下：

（1）将信号 x（长度为 $L = 2^l$）进行最大尺度的小波分解，分解后离散的小波重要系数和非重要系数留存在小波连通树内，此时信号 x 的最大稀疏表示如式（10-8）所示：

$$x = v_0 v + \sum_{i=0}^{l-1} \sum_{j=0}^{2^i-1} \omega_{i,j} \psi_{i,j} \tag{10-8}$$

（2）采用 CSSA 算法对上述分解后的小波系数进行贪婪搜索，在节点支撑中寻找出分解的小波重要系数，然后将其保留，为方便构造观测矩阵，而将非重要系数置为零，进而实现对原始信号的最优近似表示。

（3）将深度为 l 的小波连通树分为上下两部分，通常以第 $\lfloor l/2 \rfloor$（$\lfloor x \rfloor$ 表示向下取整）层为界，上部分记为 $\boldsymbol{\varPi}$，下部分记为 $\boldsymbol{\varPi}$。其中上部分的 $\boldsymbol{\varPi}$ 为一棵满二叉树的小波重要系数包（列向量），下部分是以 $\omega_{n+1,j}$（$j = 0,1,2,\cdots,2^n$）为根的所有节点各自构成一棵满二叉树，各二叉树的小波重要系数包记为 ζ_j，因此 $\boldsymbol{\varPi}$ 便构成一个矩阵，如式（10-9）所示：

$$\boldsymbol{\varPi} = (\xi_1, \xi_2, \xi_3, \cdots, \xi_j) \tag{10-9}$$

（4）通过对小波重要系数的提取，使原信号经变换后达到最大的稀疏度，然后对 $\boldsymbol{\varPi}$、$\boldsymbol{\varPi}$ 分别进行压缩采样，便得到向量 $y = \varPhi_1 \boldsymbol{\varPi}$ 和矩阵 $y = \varPhi_2 \boldsymbol{\varPi}$。

（5）利用树模型结构的 CoSaMP 算法对向量 $\boldsymbol{\varPi}$ 和矩阵 $\boldsymbol{\varPi}$ 进行重构，再对其结果进行小波反变换，得到重构信号 $\hat{x}$。

10.1.4　节点采集数据的压缩和重构仿真分析

10.1.4.1　节点采集数据的压缩和重构

首先对长为 $L = 2^{14}$ 的原始信号进行 4 层小波稀疏分解，其次，采用 CSSA 算法对上述分解后的小波系数进行贪婪搜索，从而提取小波重要系数。然后利用树模型的 CoSaMP 算法重构仿真。Matlab 的仿真结果如图 10-3 所示。

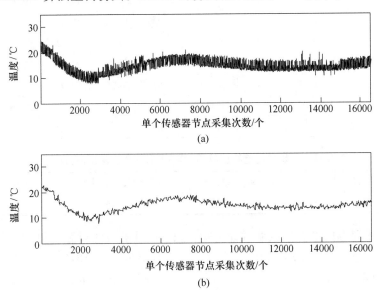

图 10-3　巷道内传感器节点采集温度数据压缩和重构仿真图

（a）原始信号；（b）小波树模型数据压缩重构

10.1.4.2　仿真结果分析

A　压缩率分析

从重构图中可以看出，压缩后的数据能够很好地反映原始信号的温度变化趋势，完全符合本章的结论。具体的压缩率如式（10-10）所示：

$$\zeta = \frac{s - c}{s} \times 100\% \tag{10-10}$$

根据上述分析，利用压缩感知的方法对某区域内传感器节点的 16167 个温度数据压缩率为：

$$\zeta = \frac{16167 - 3233}{16167} \times 100\% = 80\%$$

B　数据分析

由上述分析，采用本章的方法不仅压缩数据可以很好地恢复原始温度的变化趋势，而且数据的压缩量极为可观。下面给出本次压缩前的 100 个温度有效数据和对应的压缩后的 20 个数据。具体数据见表 10-1 和表 10-2。

表 10-1   巷道某区域内单个传感器节点采集的原始温度值（100 个）

21. 07	20. 77	24. 49	23. 01	20. 30	22. 90	20. 42	23. 13	20. 41	20. 35
24. 43	24. 04	20. 61	20. 17	23. 80	24. 18	23. 62	19. 85	20. 29	20. 19
20. 52	22. 29	24. 33	23. 83	22. 83	23. 19	23. 66	20. 17	19. 86	24. 22
19. 77	20. 25	21. 72	23. 34	19. 86	23. 81	20. 06	19. 56	19. 73	19. 57
23. 44	19. 69	22. 71	23. 12	22. 87	21. 23	19. 55	19. 35	23. 21	22. 94
22. 41	19. 32	19. 69	18. 93	22. 42	22. 24	19. 13	22. 32	18. 73	22. 86
22. 54	18. 81	23. 15	22. 33	22. 55	18. 70	23. 15	22. 68	22. 63	21. 91
19. 08	21. 89	18. 81	22. 09	20. 49	18. 53	20. 79	22. 00	21. 73	18. 77
18. 50	22. 34	22. 22	18. 56	18. 33	21. 73	21. 98	21. 31	20. 09	19. 92
21. 00	22. 26	20. 03	21. 92	21. 43	22. 04	17. 93	20. 02	19. 52	20. 95

表 10-2   原始温度值经压缩后的数据（20 个、保留两位小数）

21. 60	21. 83	22. 00	21. 89	22. 09	22. 35	22. 62	22. 28	21. 65	21. 00
20. 08	21. 58	21. 83	21. 22	21. 75	21. 35	20. 75	20. 54	20. 65	20. 32

由以上对温度的数据压缩过程可知，采用同样的方法对湿度和 CO_2 的区域内的传感器节点采集数据进行压缩重构，其中对湿度进行 16167 个数据处理，对 CO_2 进行 6800 个数据处理。仿真图如图 10-4 和图 10-5 所示，湿度和 CO_2 压缩前后的部分数据见表 10-3 ~ 表 10-6。

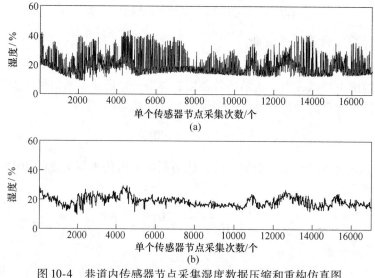

图 10-4   巷道内传感器节点采集湿度数据压缩和重构仿真图

（a）原始信号；（b）小波树模型数据压缩重构

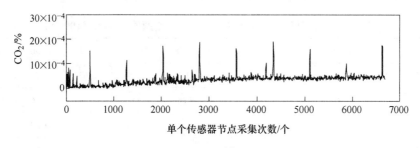

(a)

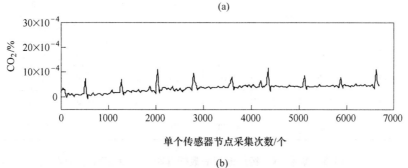

(b)

图 10-5 巷道内传感器节点采集 CO_2 数据压缩和重构仿真图

（a）原始信号；（b）小波树模型数据压缩重构

表 10-3 巷道某区域内单个传感器节点采集的原始湿度值（100 个）

20.95	22.78	24.99	24.94	20.72	44.83	23.97	24.84	24.29	24.77
20.95	22.78	24.99	24.94	20.72	44.83	23.97	24.84	24.29	24.77
20.57	23.66	19.45	34.50	23.52	19.83	23.35	23.19	39.04	22.97
20.29	19.65	23.30	32.30	23.75	19.96	22.79	23.12	30.87	19.37
18.90	22.61	22.71	22.81	19.82	21.52	19.57	21.95	23.03	19.41
19.70	23.09	18.99	22.38	22.30	23.45	26.16	22.67	18.97	19.51
18.33	28.00	18.85	22.23	18.69	26.06	18.86	18.93	22.10	20.86
25.08	18.56	18.57	22.51	21.43	18.69	29.63	22.73	22.90	21.90
18.01	20.64	20.38	22.11	31.50	21.33	20.94	21.18	32.23	20.22
20.11	20.06	28.28	17.65	21.11	19.37	31.94	17.37	24.05	18.04

表 10-4 原始湿度值经压缩后的数据（20 个、保留两位小数）

23.65	26.63	26.18	25.30	24.35	25.15	25.36	24.48	23.60	22.69
21.64	21.30	20.60	22.15	21.35	21.65	23.27	24.07	23.00	21.00

表 10-5 巷道某区域内单个传感器节点采集的原始 CO_2 （100 个）

2.21	0.04	5.68	0.17	0.85	5.78	0.65	5.51	6.56	0.43
0.93	8.32	0.14	0.55	1.84	0.1	4.19	7.63	0.78	0.23
0.29	0.3	0.51	0.27	0.58	0.4	0.17	0.9	0.26	0.47
6.02	0.21	0.56	0.44	0.83	1.61	0.32	0.61	0.53	0.9
0.96	1.15	0.42	0.74	0.29	0.65	4.92	0.37	1.57	0.4
0.08	0.45	0.16	0.28	0.27	0.31	0.64	0.07	0.37	0.44
0.42	1.87	1.02	0.16	1.41	0.75	0.82	1.4	0.45	0.26
1.36	1.27	0.29	1.8	0.19	1.25	0.5	0.08	1.47	0.87
0.1	1.12	0.82	0.25	0.25	0.34	0.38	0.49	1.1	0.82
0.73	0.89	1.66	1.2	0.29	0.98	0.76	0.47	0.33	1.9

表 10-6 原始 CO_2 经压缩后的数据 （20 个、保留两位小数）

1.63	2.52	3.25	2.86	0.52	−0.23	0.85	1.35	1.15	0.85
1.20	0.75	0.22	0.84	1.04	0.93	0.74	0.72	1.15	3.22

10.2 基于模糊理论的簇头节点同类数据融合研究

10.2.1 簇头节点同类数据融合方法

对压缩后的数据进行有效融合，主要在簇头节点先进行对各底层传感器节点上传数据的校准，然后在簇头内利用基于模糊理论的算法进行对同类数据融合。具体融合过程如图 10-6 所示。

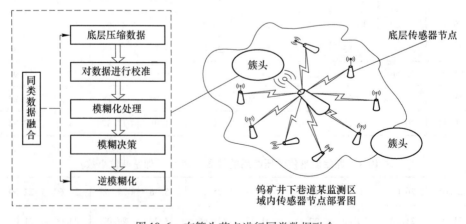

图 10-6 在簇头节点进行同类数据融合

10.2.2　模糊逻辑

模糊集合的基本思想是把经典集合中绝对隶属关系灵活化或称模糊化。从特征函数方面就是：元素 x 对集合 A 的隶属程度不再局限于 0 或 1，而是可以取区间 $[0,1]$ 中任何一个数值，这一数值反映了元素 x 隶属于集合的程度。

设 U 为某些对象的集合，称为论域，可以是连续的或离散的；u 表示 U 的元素，记作 $U = \{u\}$。

论域 U 到 $[0,1]$ 区间的任一映射 μ_F，即 $\mu_F : U \to [0,1]$，都确定 U 的一个模糊集合 F，μ_F 称为 F 的隶属函数或隶属度。也即，μ_F 表示 u 属于模糊集合 F 的程度或等级。$\mu_F(u)$ 值的大小反映了 u 对于模糊集合 F 的从属程度。$\mu_F(u)$ 值接近于 1，表示 u 从属于模糊集合 F 的程度很高；$\mu_F(u)$ 值接近零，表示 u 从属模糊集合 F 的程度很低。

在论域 U 中，可将模糊集合 F 表示为元素 u 与隶属函数 $\mu_F(u)$ 的序偶集合，记为式（10-11）：

$$F = \{(u, \mu_F(u)) \mid u \in U\} \tag{10-11}$$

若 U 为连续域，则模糊集 F 可记作式（10-12）：

$$F = \int_U \mu_F(u)/u \tag{10-12}$$

注意：这里 $\int$ 并不表示"积分"，只是借用来表示集合的一种方法。

若 U 为离散域，则模糊集 F 可记作式（10-13）：

$$F = \mu_F(u_1)/u_1 + \mu_F(u_2)/u_2 + \cdots + \mu_F(u_n)/u_n$$
$$= \sum_{i=1}^{n} \mu_F(u_i)/u_i \quad (i = 1,2,3,\cdots,n) \tag{10-13}$$

注意，这里的 $\sum$ 并不表示"求和"，只是借用来表示集合的一种方法；符号"/"不表示分数，只是表示元素 u_i 与其隶属度 $u_F(u_i)$ 之间的对应关系；符号"+"也不表示"加法"，仅仅是个记号，表示模糊集合在论域上的整体。

10.2.3　模糊集的数据融合算法

10.2.3.1　基于模糊贴近度的数据融合算法[5]

A　测量值模糊化

为了便于表示传感器数据测量值的模糊量，设对于 i 传感器的第 m 次测量后得到的观测均值 X_i，方差为 σ_i。则观测值的模糊量表示如式（10-14）所示：

$$A_i = (a_{i1}, a_{i2}, a_{i3}) = (x_i - 2\sigma_i, x_i, x_i + 2\sigma_i) \tag{10-14}$$

设目标估计值 x_0，估计方差为 σ_0，则有：

$$x_0 = \frac{1}{n} \sum_{i=1}^{n} x_i \tag{10-15}$$

$$\sigma_0^2 = \frac{1}{n-1} \sum_{i=1}^{n} (x_i - x_0)^2 \tag{10-16}$$

而估计值的模糊量表示为：

$$\tilde{A}_0 = (a_{01}, a_{02}, a_{03}) = (x_0 - 2\sigma_0, x_0, x_0 + 2\sigma_0) \tag{10-17}$$

B 定义和计算模糊贴近度

设对于第 i 个传感器和第 j 个传感器所得的 A_i 与 A_j，分别是两次观测数据的模糊量，则 A_i 与 A_j 的贴近度定义如下：(1) $0 \leqslant S \leqslant 1$；(2) 对于 $A_i = A_j, S = 1$；(3) $S(\tilde{A}_i, \tilde{A}_j) = S(\tilde{A}_j, \tilde{A}_i)$；(4) 当且仅当 $A_i \cap A_j = \Theta$ 时，$S(\tilde{A}_i, \tilde{A}_j) = 0$；(5) 当 $\tilde{A}_i \subset \tilde{A}_j \subset \tilde{A}_s$ 时，有 $S(\tilde{A}_i, \tilde{A}_j) \geqslant S(\tilde{A}_j, \tilde{A}_i)$。

C 三角相似度的定义

有很多方法可以计算 S 时 A_i 与 A_j 的贴近度，为了方便起见，定义相似度为式 (10-18) 和式 (10-19)：

$$S(\tilde{A}_i, \tilde{A}_j) = \frac{1}{1 + d(\tilde{A}_i, \tilde{A}_j)} \tag{10-18}$$

$$d(\tilde{A}_i, \tilde{A}_j) = \left| \frac{a_{i1} + 4a_{i2} + a_{i3} - a_{j1} - 4a_{j1} - a_{j1}}{6} \right| \tag{10-19}$$

贴近度的值越接近 1，认为传感器 S_i 与传感器 S_j 的相容性越好，称观测数据 A_i 与 A_j 的贴近度越高；贴近度的值越接近零，说明观测数据 A_i 与 A_j 的相容性越差。

10.2.3.2 基于模糊综合函数的数据融合算法

设数据融合系统[6]是由 N 种目标属性和 M 个传感器组成的序列集合，$m_{i,j}$ 表示第 i 个传感器对目标属性的第 j 支持度，且 $0 \leqslant m_{i,j} \leqslant 1$，$o_i$ 表示目标属性是 j 类，目标属性分布如式 (10-20) 所示：

$$\prod_{i \in U} m_{i,j}/o_j \qquad \forall i \in s \tag{10-20}$$

选择某一属性，则对应着式 (10-21)：

$$m_{i,j} = \begin{cases} 1 & j = j_1 \\ 0 & j \neq j_1 \end{cases} \tag{10-21}$$

当目标属性是另一个集合时，则有式 (10-22)：

$$m_{i,j} = \begin{cases} 1 & j \in U \\ 1 - f_i & j \notin U \end{cases} \tag{10-22}$$

定义信任函数如式 (10-23) 所示：

$$f_i = \mu_i c_i \tag{10-23}$$

式中，μ_i 为第 i 个传感器的观测数据的可靠度；c_i 为第 i 个传感器被其他传感器的支持度。

定义隶属函数，如式（10-24）所示：

$$\mu(z) = \begin{cases} 1 - \dfrac{z - u}{2\sigma} & |z - u| \geq 2\sigma \\[2mm] 0 & |z - u| \leq 2\sigma \end{cases} \tag{10-24}$$

定义模糊综合函数，如式（10-25）、式（10-26）所示：

$$m_i = S_M[m_{1,j}, m_{2,j}, \cdots, m_{M,j}] \tag{10-25}$$

$$S_M[m_{1,j}, m_{2,j}, \cdots, m_{M,j}] = \left[\prod_{i=1}^{M} m_{i,j}\right]^{1/M} \tag{10-26}$$

数据融合的结果如式（10-27）所示：

$$\Pi = \sum_{j \in U} m_j / o_j \tag{10-27}$$

10. 2. 3. 3　基于模糊置信距离一致性的数据融合算法

A　置信距离测度定义

设有 n 个同质传感器组成的传感器序列 $S = \{S_1, S_2, \cdots, S_n\}$，采用直接观测的方法[1]，对同一特性参数 X 在不同方位进行独立观测，设第 i 个传感器和第 j 个传感器获得的观测数据为 X_i 和 X_j，则定义两传感器的置信距离测度为：

$$d_{i,j} = 2\int_{x_i}^{x_j} p_i(x \mid x_i)\,\mathrm{d}x = 2A \tag{10-28}$$

$$d_{i,j} = 2\int_{x_j}^{x_i} p_i(x \mid x_j)\,\mathrm{d}x = 2B \tag{10-29}$$

其中

$$p_i(x \mid x_i) = \frac{1}{\sqrt{2\pi}\sigma_i}\exp\left[-\frac{1}{2}\left(\frac{x - x_i}{\sigma_i}\right)^2\right] \tag{10-30}$$

$$p_j(x \mid x_j) = \frac{1}{\sqrt{2\pi}\sigma_j}\exp\left[-\frac{1}{2}\left(\frac{x - x_i}{\sigma_i}\right)^2\right] \tag{10-31}$$

B　误差函数计算

第 i 个传感器和第 j 个传感器之间值的差值越小，则称传感器 i 和传感器 j 的误差值越小；反之，则称传感器 i 和传感器 j 的误差值越大。为了表示传感器观测数据间的接近度，定义误差函数为：

$$\mathrm{erf}(\theta) = \frac{2}{\pi}\int_0^\theta \mathrm{e}^{-u^2}\mathrm{d}u \tag{10-32}$$

且有

$$d_{i,j} = \mathrm{erf}\left(\frac{x - x_i}{\sqrt{2}\sigma_i}\right) \tag{10-33}$$

$$d_{j,i} = \mathrm{erf}\left(\frac{x - x_j}{\sqrt{2}\sigma_j}\right) \tag{10-34}$$

C 置信距离矩阵计算

设多传感器数据融合系统中有 M 个同质传感器测量同一目标参数，则有置信距离矩阵的计算如下：

$$D_m = \begin{bmatrix} d_{11} & d_{12} & \cdots & d_{1m} \\ d_{21} & d_{22} & \cdots & d_{2m} \\ \vdots & \vdots & & \vdots \\ d_{m1} & d_{m2} & \cdots & d_{mm} \end{bmatrix} \qquad (10\text{-}35)$$

D 关系矩阵定义

定义一个阈值，当高于该阈值，其传感器的置信度为 1，当小于等于该阈值，其置信度为零，则有阈值函数：

$$r_{i,j} = \begin{cases} 1 & d_{i,j} \leqslant \beta_{i,j} \\ 0 & d_{i,j} > \beta_{i,j} \end{cases} \qquad (10\text{-}36)$$

经阈值函数处理后的置信距离矩阵就转化成了关系矩阵，如式（10-37）所示：

$$\boldsymbol{R}_m = \begin{bmatrix} r_{11} & r_{12} & \cdots & r_{1m} \\ r_{21} & r_{22} & \cdots & r_{2m} \\ \vdots & \vdots & & \vdots \\ r_{m1} & r_{m2} & \cdots & r_{mm} \end{bmatrix} \qquad (10\text{-}37)$$

10.2.4 模糊贴近度的改进算法研究

10.2.4.1 基于最优置信域的同类数据校准

为得到与真实值相近的结果，必须对错误数据进行剔除，对来自同一区域的各压缩数据在簇头内进行预先的校准，以便获得更加准确的数据。本章提出以落在最优置信域内的数据为准，其余数据一律剔除。

将某区域所有节点在 t 时刻的压缩数据 $Y_i(t)(i = 1,2,\cdots,n)$ 投影到实数轴上，则观测数据 $s_i(t)$、$s_j(t)$ 的绝对距离为 $dis_{ij}(t)$，表示为：

$$dis_{ij}(t) = |s_i(t) - s_j(t)| \qquad (10\text{-}38)$$

设 t 时刻观测数据 $s_i(t)$ 与所有观测值的距离平均值为 $d_i(t)$，则所有观测数据之间的平均距离为：

$$d_i(t) = \sum_{j=1}^{n} d_i s_{i,j}(t) \qquad (10\text{-}39)$$

$$\overline{d_i(t)} = \sum_{i=1}^{n} d_i(t) \qquad (10\text{-}40)$$

所有落在真值 X 附近邻域的有效观测数据组成的集合为 $\boldsymbol{\Phi}$，若其满足式（10-41）所示的条件。

$$
\begin{cases}
d_i(t) < \overline{d(t)} & (\forall s_i(t) \in \Phi) \\
d_i(t) \geqslant \overline{d(t)} & (\forall s_i(t) \notin \Phi)
\end{cases} \tag{10-41}
$$

则称集合 Φ 为最优融合集，集合 Φ 中元素的个数为最优置信数。

10.2.4.2 模糊贴近度矩阵

在用多传感器节点监测同一区域的同一参数时，采集数据之间具有一定的相关性。传感器 i 和 j 在第 k 采样后，压缩数据之间的贴近度定义为：

$$
\mu_{ij}(k) = \frac{\min\{x_i(k), x_j(k)\}}{\max\{x_i(k), x_j(k)\}} \tag{10-42}
$$

式中，$x_i(k)$，$x_j(k)$ 为 k 次采样的结果；$\mu_{ij}(k)$ 的范围在（0，1]。模糊贴近度矩阵如式（10-43）所示：

$$
\Delta = \begin{bmatrix}
1 & \mu_{12}(k) & \cdots & \mu_{1n}(k) \\
\mu_{21}(k) & 1 & \cdots & \mu_{2n}(k) \\
\vdots & \vdots & & \vdots \\
\mu_{n1}(k) & \mu_{n2}(k) & \cdots & 1
\end{bmatrix} \tag{10-43}
$$

该贴近度矩阵给出了各传感器之间的相互贴近程度，现将第 i 个传感器与其他传感器输出的压缩数据的平均贴近程度表示为：

$$
PJ_{(i)}(k) = \frac{1}{n-1}\sum_{j=1,j\neq i}^{n}\mu_{ij}(k) \tag{10-44}
$$

将其归一化处理后，得到相对贴近程度如下：

$$
XPJ_{(i)}(k) = \frac{PJ_{(i)}(k)}{\sum_{i=1}^{n}PJ_{(i)}(k)} \tag{10-45}
$$

10.2.4.3 各传感器的相对复合权重

针对特定的环境，可以根据传感器在区域分布的差异和重要程度而赋予不同比例的权重。一般而言，用 $\omega_i(k)$ 代表相对权重，用 δ_i 代表第 i 个传感器权重，经归一化处理后各个传感器之间的相对权重：

$$
\omega_i(k) = \frac{\delta_i(k)}{\sum_{i=1}^{n}\delta_i(k)} \qquad (i = 1, 2, \cdots, n) \tag{10-46}
$$

且各传感器的权系数应满足式（10-47）：

$$
\sum_{i=1}^{n}\delta_i(k) = 1, \qquad 0 \leqslant \delta_i(k) \leqslant 1 \tag{10-47}
$$

但在实际中，若有 4 个传感器（编号为 1、2、3、4）对某区域的空气质量是否为优进行实时评估，各传感器对命题的支持程度分别为 $\kappa_1, \kappa_2, \kappa_3, \kappa_4$；已知 $\kappa_1 = \kappa_3, \kappa_2 = \kappa_4$ 且 4 个传感器的权重关系为 $\kappa_1 > \kappa_2, \kappa_3 = \kappa_4$ 则传感器 3 与传感

器 4 的贴近程度一样。但根据实际情况分析可知：权重较大的传感器 1 对传感器 3 的贴近度贡献更大，权重较小的传感器 2 对传感器 4 的贴近度贡献更大。尽管传感器 3 与传感器 4 的贴近程度和相对权重一致，但是传感器 3 对同类压缩数据融合的结果影响比传感器 4 更大，这体现了权重较大的两个传感器之间的贴近程度对数据融合的影响要比两个权重较小的传感器之间的贴近程度更大。所以根据经验分配权重具有一定的主观性，具体来讲，哪个传感器较稳定，哪个传感器较可靠，都是很难精确度量的，因此，本章提出相对复合权重的分配方案：设传感器 i 和 j 的贴近度为 $\mu_{ij}(k)$，且传感器 j 的权重为 $\delta_j(k)(j=1,2,\cdots,n)$，则传感器 i 的平均加权贴近度为：

$$JQD_{(i)}(k) = \frac{1}{n-1}\sum_{j=1,j\neq i}^{n}\delta_i(k)\mu_{ij}(k) \qquad (10\text{-}48)$$

将 $JQD_{(i)}(k)$ 归一化处理得到传感器 i 的相对加权贴近度：

$$XDTJD_{(i)}(k) = \frac{JQD_{(i)}(k)}{\sum_{i=1}^{n}JQD_{(i)}(k)} \qquad (10\text{-}49)$$

分析可知，传感器相对加权贴近程度越大，说明其与权重较大的传感器对模糊命题的支持度越高，否则相反。

10.2.4.4 融合结果

综上所述：将各因素对融合结果的影响表示为：

$$RH(i) = \alpha_1 XPJ_{(i)}(k) + \alpha_2\omega_i + \alpha_3 XDTJD_{(i)}(k) \qquad (10\text{-}50)$$

其中 $\alpha_1,\alpha_2,\alpha_3\in(0,1)$，且 $\alpha_1+\alpha_2+\alpha_3=1$。根据实际情况：

（1）若只考虑权重影响融合结果，而不考虑相互间的贴近度，则令 $\alpha_1=1$；

（2）若根据经验各传感器的权重分配相等，融合结果只受各传感器之间的贴近度影响，则令 $\alpha_1=0$；

（3）若认为传感器权重比贴近度更重要，则令 $\alpha_2>\alpha_1$，反之，令 $\alpha_2<\alpha_1$。

最终融合结果表示为：

$$\chi(k) = \sum_{i=1}^{n}RH_{(i)}x_i(k) \qquad (10\text{-}51)$$

综述以上模糊贴近度的改进算法研究，整体流程如图 10-7 所示。

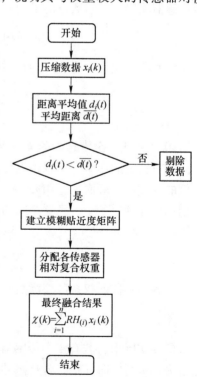

图 10-7　同类数据融合流程

10.2.5 数据仿真处理与分析

钨矿井下巷道的区域共分为三种，其中各测温区内传感器节点的编号为：A，B，C，…，H，各测湿区内传感器节点的编号为：Ⅰ，Ⅱ，Ⅲ，…，Ⅷ，各测 CO_2 区内传感器节点的编号为：1，2，3，…，8。下面以巷道内特定区域 A 为主要研究对象进行数据处理，区域 A 内随机部署 8 个传感器节点，k 时刻 A 区的压缩数据经最优置信域数据校准后，见表10-7。

表10-7 区域 A 内各传感器节点校准数据

区域编号	校准后的温度值压缩数据					
A	21.50	21.61	21.71	21.83	21.94	22.05

根据式（10-44）和式（10-45）得到模糊贴近度矩阵为：

$$\mathbf{\Delta} = \begin{bmatrix} 1 & 0.9949 & 0.9903 & 0.9849 & 0.9799 & 0.9750 \\ 0.9949 & 1 & 0.9954 & 0.9899 & 0.9850 & 0.9800 \\ 0.9903 & 0.9954 & 1 & 0.9945 & 0.9895 & 0.9845 \\ 0.9849 & 0.9899 & 0.9945 & 1 & 0.9950 & 0.9900 \\ 0.9799 & 0.9850 & 0.9895 & 0.9950 & 1 & 0.9950 \\ 0.9750 & 0.9800 & 0.9845 & 0.9900 & 0.9950 & 1 \end{bmatrix}$$

根据式（10-46）和式（10-47），第 i 个传感器与其他传感器输出的压缩数据的相对贴近程度为：

$$XPJ_{(1)}(k) = 0.166, \quad XPJ_{(2)}(k) = 0.167, \quad XPJ_{(3)}(k) = 0.167$$
$$XPJ_{(4)}(k) = 0.167, \quad XPJ_{(5)}(k) = 0.167, \quad XPJ_{(6)}(k) = 0.166$$

根据巷道的实际情况，区域 A 内第 i 个传感器权重 δ_i 为：

$$\delta_1(k) = 0.12, \quad \delta_2(k) = 0.08, \quad \delta_3(k) = 0.25$$
$$\delta_4(k) = 0.3, \quad \delta_5(k) = 0.15, \quad \delta_6(k) = 0.1$$

经归一化处理后各个传感器之间的相对权重为：

$$\omega_1(k) = 0.12, \quad \omega_2(k) = 0.08, \quad \omega_3(k) = 0.25$$
$$\omega_4(k) = 0.3, \quad \omega_5(k) = 0.15, \quad \omega_6(k) = 0.1$$

根据式（10-50），传感器 i 的平均加权贴近为：

$$JQD_{(1)}(k) = 0.024, \quad JQD_{(2)}(k) = 0.016, \quad JQD_{(3)}(k) = 0.050$$
$$JQD_{(4)}(k) = 0.059, \quad JQD_{(3)}(k) = 0.030, \quad JQD_{(3)}(k) = 0.020$$

将 $JQD_{(i)}(k)$ 归一化处理得到传感器 i 的相对加权贴近度为：

$$XDTJD_{(1)}(k) = 0.121, \quad XDTJD_{(2)}(k) = 0.080, \quad XDTJD_{(3)}(k) = 0.251$$
$$XDTJD_{(4)}(k) = 0.296, \quad XDTJD_{(5)}(k) = 0.151, \quad XDTJD_{(6)}(k) = 0.101$$

　　根据巷道实际情况，本章认为传感器贴近度比权重更重要，现取 $\alpha_1 = 0.35$，$\alpha_2 = 0.5, \alpha_3 = 0.15$。由式（10-52）和式（10-53）计算融合结果为：$\chi(k) = 21.78$。

　　得巷道内 A 区域内同类传感器节点的压缩数据在簇头的融合结果，见表 10-8。

表 10-8　区域 A 内各传感器节点融合结果

区域编号	校准后的温度值压缩数据						融合结果
A	21.50	21.61	21.71	21.83	21.94	22.05	21.78

　　采用同样的步骤，将巷道内所有温度、湿度、CO_2 区域的同类压缩数据在簇头内融合结果，见表 10-9 ~ 表 10-11。

表 10-9　基于模糊贴近度的温度数据融合

区域编号	校准后的温度值压缩数据						融合结果
A	21.50	21.61	21.71	21.83	21.94	22.05	21.78
B	21.99	21.91	21.89	22.09	22.35	22.50	22.06
C	22.62	22.72	22.28	21.97	21.65	21.31	22.12
D	21.20	21.00	20.85	20.74	20.08	21.40	20.95
E	21.58	21.70	21.83	21.47	21.15	21.00	21.52
F	21.30	21.60	21.75	21.88	21.53	21.25	21.56
G	21.03	20.75	20.50	20.40	20.33	20.50	20.52
H	20.72	20.80	20.72	20.65	20.62	20.60	20.68

注：$\alpha_1 = 0.35$，$\alpha_2 = 0.5$，$\alpha_3 = 0.15$。

表 10-10　基于模糊贴近度的湿度数据融合

区域编号	校准后的湿度值压缩数据						融合结果
I	23.65	26.63	26.18	25.30	24.35	25.15	25.23
II	25.36	24.48	23.6	22.69	21.64	21.30	23.14
III	20.60	22.15	21.35	21.65	23.27	24.07	21.99
IV	18.53	19.32	20.43	21.32	20.42	19.34	19.88
V	18.62	20.38	21.43	19.29	18.64	19.7	19.51
VI	20.35	16.47	14.6	18.42	20.4	21.25	19.06
VII	18.43	16.32	15.35	17.62	18.6	17.73	17.62
VIII	17.18	16.52	16.33	16.54	16.49	13.58	16.54

注：$\alpha_1 = 0.35$，$\alpha_2 = 0.5$，$\alpha_3 = 0.15$。

表 10-11 基于模糊贴近度的 CO_2 数据融合

区域编号	校准后的 CO_2 压缩数据						融合结果
1	1.63	2.52	3.25	2.86	0.52	-0.23	1.97
2	0.85	1.35	1.15	0.85	1.2	0.75	1.02
3	0.22	0.84	1.04	0.93	0.74	0.72	0.81
4	1.15	3.22	4.37	5.32	6.34	3.54	4.06
5	0.50	-0.40	1.45	0.82	0.55	1.24	0.75
6	1.60	1.21	0.62	0.84	1.24	0.60	1.00
7	0.67	1.12	1.20	0.45	0.96	1.35	1.02
8	2.28	2.67	2.12	1.74	1.62	1.71	1.97

注：$\alpha_1 = 0.35$，$\alpha_2 = 0.5$，$\alpha_3 = 0.15$。

10.3 基于模糊推理的汇聚节点异类数据融合研究

10.3.1 汇聚节点异类数据融合方法

为了准确评估矿井巷道内环境的优良状态，把握巷道内温度、湿度、CO_2 浓度的变化趋势，仍需要继续融合，融合框图如图 10-8 所示。

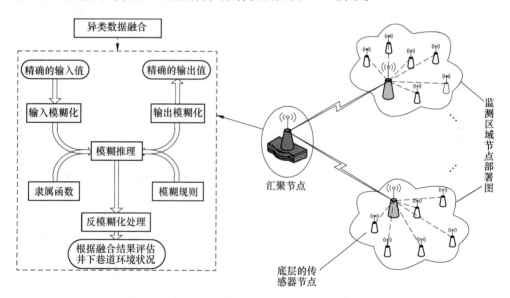

图 10-8 汇聚节点内异类数据融合框图

10.3.2 输入输出变量的模糊化处理

10.3.2.1 模糊语言的设置

模糊语言的设置：

（1）在离散论域中划分模糊语言值。在选择隶属函数之前，应该先将输入输出的语言变量转化成模糊语言值。

（2）输入输出变量论域的转换。汇聚节点内的输入输出变量的实际变化范围称为变量的基本论域，在论域转换过程中，需要先将基本论域离散化，本章将其离散化后得到对称的模糊集合论域[2]，方法如下：设温度为 T，CO_2 浓度为 P，湿度为 H，巷道舒适度为 J 的基本论域分别为：$[T_{min}, T_{max}]$，$[P_{min}, P_{max}]$，$[H_{min}, H_{max}]$，$[J_{min}, J_{max}]$；下面将系统的输入输出变量转化成模糊集合论域如下：

1）温度变量 T 所取的模糊集论域为：

$$R = \{-p, -p+1, \cdots, 0, \cdots, p-1, p\}$$

2）CO_2 浓度变量 P 所取的模糊集论域为：

$$Q = \{-m, -m+1, \cdots, 0, \cdots, m-1, m\}$$

3）湿度变量 H 所取的模糊集论域为：

$$S = \{-k, -k+1, \cdots, 0, \cdots, k-1, k\}$$

4）巷道舒适度 J 所取的模糊集论域为：

$$J = \{-u, -u+1, \cdots, 0, \cdots, u-1, u\}$$

式中，$n \leqslant 2(p, m, k, u) + 1 \leqslant 2n$，$n$ 为集合中元素个数；p、m、k、u 分别为连续化的偏差，本章将 p, m, k, u 统一取 6，所以具体的有限整数的离散论域如下。

巷道温度的论域范围为 $[T_{min}, T_{max}] = [-5, 30]$，则转换成有限整数的离散论域为：

$$R = [-6, -5, -4, -3, -2, -1, 0, 1, 2, 3, 4, 5, 6]$$

巷道 CO_2 浓度的论域范围为 $[P_{min}, P_{max}] = [0, 15]$，则转换成有限整数的离散论域为：

$$Q = [-6, -5, -4, -3, -2, -1, 0, 1, 2, 3, 4, 5, 6]$$

巷道湿度的论域范围为 $[H_{min}, H_{max}] = [0, 100]$，则转换成有限整数的离散论域为：

$$S = [-6, -5, -4, -3, -2, -1, 0, 1, 2, 3, 4, 5, 6]$$

巷道舒适度的论域范围为 $[J_{min}, J_{max}] = [-10, 30]$，则转换成有限整数的离散论域为：

$$J = [-6, -5, -4, -3, -2, -1, 0, 1, 2, 3, 4, 5, 6]$$

为了能使模糊量被模糊推理系统自动识别，必须对输入输出量进行模糊化处理，必须将输入输出从基本论域转换到语言变量对应的模糊集论域中，这需要通过量化因子进行论域转换。在实际应用中，量化因子[7]的选择与模糊控制规则的选取有关。输入变量的量化因子公式如下：

$$K_R = \frac{T_{max} - T_{min}}{2p} \tag{10-52}$$

$$K_Q = \frac{P_{max} - P_{min}}{2m} \tag{10-53}$$

$$K_S = \frac{H_{max} - H_{min}}{2k} \tag{10-54}$$

对以上公式中各基本论域的取值范围和 p,m,k 的取值，根据式（10-52）~式（10-54）得出量化因子的具体数值为：$K_R = 2.92, K_Q = 1.25, K_S = 8.33$。

根据以上计算结果，将各输入量的基本论域映射到模糊论域上，以温度为例，假定测量温度值为 T_i，则模糊化后的 $R_i = \dfrac{T_i - 12.5}{K_R}$（12.5 为温度值区间的中间值），当 $R_i \geqslant p$ 时，$R_i = p$；当 $R_i \leqslant -p$ 时，$R_i = -p$；当 $-p < R_i < p$ 时，R_i 为计算值的四舍五入结果。

10.3.2.2 选择合适的隶属函数

隶属函数[8]是模糊控制的应用基石，它不仅能体现模糊概念的特性，而且可以通过量化实现对特定模糊集的数学运算和处理。因此，正确地确定隶属函数是应用模糊数学理论去恰当地定量刻画模糊概念的基础，也是利用模糊数学方法解决各种实际问题的关键。本章以三角形隶属函数和梯形隶属函数作为系统的隶属函数。

几种模糊的隶属函数如下：

（1）三角隶属函数表达式：

$$\zeta(x) = \begin{cases} 0 & x < a \\ \dfrac{x - a}{b - a} & a \leqslant x < b \\ \dfrac{c - x}{c - b} & b \leqslant x < c \\ 0 & c \leqslant x \end{cases} \tag{10-55}$$

（2）梯形隶属函数表达式：

$$\zeta(x) = \begin{cases} 0 & x < a \\ \dfrac{x - a}{b - a} & a \leqslant x < b \\ 1 & b \leqslant x < c \\ \dfrac{d - x}{d - c} & c \leqslant x < d \\ 0 & d \leqslant x \end{cases} \tag{10-56}$$

（3）高斯隶属函数表达式：

$$\zeta(x) = e^{-\frac{x-c}{2\sigma^2}} \tag{10-57}$$

隶属函数的建立需要遵循一定的原则[9~12]：

（1）隶属函数必须满足凸模糊集理论。凸模糊集是映射在实数论域上的模糊子集，对实数 $x_1, x_2 \in \forall$ ，当 $x_1 \leqslant x \leqslant x_2$ 时，模糊集合 A 的隶属函数 $\zeta_A(x)$ 必须满足 $\zeta_A(x) \geqslant \min[\zeta_A(x_1), \zeta_A(x_2)]$ ，则模糊集合 A 称为凸模糊集。故凸模糊集要求隶属函数是单峰函数。

（2）隶属函数合理分布在论域中。一个基本论域应该较好地覆盖所有语言变量的各个模糊子集的隶属函数。为避免模糊子集在概念上出现自相矛盾，因此要求两个模糊子集的隶属函数不能相交。若有两个隶属函数相互重叠时，应保证隶属函数的隶属度不在论域中的同一点上，否则会出现概念上的交叉。

（3）隶属函数的形状应满足控制特性。隶属函数的个数越多，形状越陡，则其分辨率就越高，模糊控制系统的灵敏度就越高，系统响应就越稳定。所以在建立隶属函数时，应该在误区较大的区域采用较低的分辨率，在误区较小的区域采用较大的分辨率，并且在误区趋于零的地方选择高分辨率，同时还应考虑隶属函数的对称性和平衡性。

隶属函数的确定带有一定的主观性，目前还没有一种有效的方法，大多数的确立还滞留在试验和经验的基础上，下面介绍几种常用的方法[13,14]：

（1）模糊统计法。模糊统计法是对论域 U 上的一个确定元素 v_0 是否属于论域中的一个可变动的清晰集合 A^* 作出清晰的判断。具体步骤如下：在每次统计中 v_0 是固定的，A^* 的值是可变动的，做 n 次试验，其模糊统计可按式（10-58）计算：

$$f_{v_A} = \frac{m_{v_0 \in A}}{n} \qquad (10\text{-}58)$$

式中，f_{v_A} 为 v_0 对 A 的隶属频率；m 为 $v_0 \in A$ 的次数；n 为试验总次数，随着 n 的增加，隶属频率将趋于稳定，这个稳定值就是 v_0 对 A 的隶属度值。

（2）例证法。根据已知的有限个隶属度 $\zeta_A(x_i)$ 的值，来估计整个论域 U 上模糊集合 A 的隶属函数 $\zeta_A(U)$ 。

（3）专家经验法。根据专家的经验给出模糊信息的处理算法或权系数值来确定隶属函数的一种方法。可以先粗略确定隶属函数，然后经过不断地学习和实践相结合来逐步修改和完善，通过在实际中检验进而调整隶属函数。

（4）二元对比排序法。二元对比排序法是通过多个事物之间的两两对比来确定某种特征下的顺序，由此来决定这些事物对该特征的隶属函数的大体形状。

10.3.3　建立模糊控制规则

模糊控制规则是将专家和熟练操作人员的控制经验加以总结[15]，从而得出模糊条件语句的集合，采用 if…and…then… 的形式的规则表示方式。

10.3.4　模糊推理法

10.3.4.1　Zadeh 模糊推理法

Zadeh 对于模糊命题"若 A 则 B",利用模糊关系的合成运算提出了一种近似推理方法。Zadeh 模糊推理法是采用取小合成运算法则。

假设"若 A 则 B"这种模糊蕴含关系用 $R_Z(u,v)$ 表示,其隶属函数的计算公式如下:

$$\mu_{R_Z}(u,v) = 1 \wedge [1 - \mu_A(u) + \mu_B(v)] \tag{10-59}$$

在确定了模糊蕴含关系的定义之后,就可进行模糊推理。

已知模糊蕴含关系"若 A 则 B",其中,A 是论域 X 上的模糊集,B 是论域 Y 上的模糊集。当给出一个新的模糊集 A^*,则可推断出新的结论 B^* 为:

$$B^* = A^* \cdot R_Z(X,Y) \tag{10-60}$$

式中,"·"表示合成运算,即"Sup-∧"运算,"Sup"表示取上界获取最大值,而"∧"则表示取最小值,因此这种方法又称为"最大-最小"合成方法。

10.3.4.2　Mamdani 模糊推理法[16~18]

Mamdani 模糊推理法是最常见也是最常用的一种推理方法,特别是在模糊控制领域中得到了广泛的应用。Mamdani 模糊推理法从本质上看也是一种基于似然推理的合成法则。

假设"若 A 则 B"这种模糊蕴含关系用 $R_M(u,v)$ 表示,其模糊蕴含关系的定义较为简单,它是通过模糊集合 A 和 B 的隶属度的笛卡尔积(直积)求得,具体计算公式为:

$$\mu_{R_M}(u,v) = \mu_A(u) \wedge \mu_B(v) \tag{10-61}$$

示例:已知模糊集合 $A = \dfrac{1}{x_1} + \dfrac{0.4}{x_2} + \dfrac{0.1}{x_3}$ 和 $B = \dfrac{0.8}{y_1} + \dfrac{0.5}{y_2} + \dfrac{0.3}{y_3} + \dfrac{0.1}{y_4}$。求模糊集合 A 和 B 之间的模糊蕴含关系 $R_M(x,y)$。

解:根据 Mamdani 模糊蕴含关系的定义可知:

$$\mu_{R_M}(x,y) = \mu_A(x) \times \mu_B(y) = \begin{bmatrix} 1 \\ 0.4 \\ 0.1 \end{bmatrix} \times \begin{bmatrix} 0.8 & 0.5 & 0.3 & 0.1 \end{bmatrix}$$

$$= \begin{bmatrix} 0.8 & 0.5 & 0.3 & 0.1 \\ 0.32 & 0.2 & 0.12 & 0.04 \\ 0.08 & 0.05 & 0.03 & 0.01 \end{bmatrix}$$

由此,在确定了模糊蕴含关系的定义之后,就可以进行模糊推理。

已知模糊蕴含关系"若 A 则 B",其中 A 是论域 X 上的模糊集,B 是论域 Y 上的模糊集。当给出 X 上一个新的模糊集 A^*,则可推断出新的结论 B^*:

$$B^* = A^* R_M(X, Y)$$

B^* 的隶属函数的计算公式为：

$$\mu_{B^*}(v) = \bigvee_{x \in U} [\mu_{A^*}(u) \wedge \mu_A(u) \wedge \mu_B(v)]$$

假定 $A^* = \dfrac{0.5}{x_1} + \dfrac{0.9}{x_2} + \dfrac{0.2}{x_3}$，则

$$B^* = \begin{bmatrix} 0.5 & 0.9 & 0.2 \end{bmatrix} \begin{bmatrix} 0.8 & 0.5 & 0.3 & 0.1 \\ 0.4 & 0.4 & 0.3 & 0.1 \\ 0.1 & 0.1 & 0.1 & 0.1 \end{bmatrix} = \begin{bmatrix} 0.5 & 0.5 & 0.3 & 0.1 \end{bmatrix}$$

即

$$B = \dfrac{0.5}{y_1} + \dfrac{0.5}{y_2} + \dfrac{0.3}{y_3} + \dfrac{0.1}{y_4}$$

10.3.4.3　Takagi-Sugen 模糊推理法

日本的 Takagi 和 Sugen 于 1985 年提出了 Takagi-Sugen 模糊推理法。由于 T-S 模糊模型的结论部分采用线性函数进行描述，因而适合采用传统的控制策略设计相关的控制器以及对控制系统进行分析和计算。这种推理方法便于复杂动态系统的模糊模型设计，因此在模糊控制中得到了广泛的应用。在 T-S 模糊推理过程中，模糊规则的典型形式为：

$$\text{If } x \text{ is } A \text{ and } y \text{ is } B \text{ then } z = f(x, y) \tag{10-62}$$

式中，A、B 为模糊规则前件部分的模糊集合；$z = f(x, y)$ 为模糊规则后件部分精确函数。

10.3.5　输出变量的反模糊化

采用 Mamdani 模糊推理的方法进行构建模糊集合，为了使最后的结果清晰化，必须对模糊推理的结果进行反模糊化，常用的方法有重心法、加权平均法以及最大隶属法。

10.3.5.1　重心法[19,20]

重心法是指取模糊集隶属曲线与基础变量轴所围面积的重心，使其对应的基础变量值清晰化。其优点是对信号变化较敏感，且具有更加平滑的输出推理控制。基本公式如下：

$$V_0 = \dfrac{\displaystyle\int_v v U_v \mathrm{d}v}{\displaystyle\int_v U_v \mathrm{d}v} \tag{10-63}$$

当输出有 n 个量化级数时，离散域情况如式（10-64）所示：

$$V_0 = \dfrac{\displaystyle\sum_{k=1}^{n} v_k u_v(v_k)}{\displaystyle\sum_{k=1}^{n} u_v(v_k)} \tag{10-64}$$

10.3.5.2　最大隶属法

最大隶属法是指选取推理结论中的模糊集中隶属度最大的元素作为控制量的方法。其优点是方便易行，缺点是在选取最大隶属元素时排除了一切的较小元素，从而包括的信息量太少。数学表达式如下：

$$V_0 = \frac{1}{N}\sum_{i=1}^{N} V_i, \quad V_i = \max_{v \subseteq V}\left[V(v)\right] \tag{10-65}$$

10.3.5.3　加权平均法

加权平均法用于输出模糊集的隶属函数是对称的情况，数学表达式如下：

$$V_0 = \frac{\sum\limits_{i=1}^{n} v_i}{\sum\limits_{i=1}^{n} k_i} \tag{10-66}$$

式中，k_i 根据具体情况而定。

10.3.6　仿真及结果分析

根据前面设计的 Mamdani 模糊推理方法建立推理系统，如图 10-9 所示。

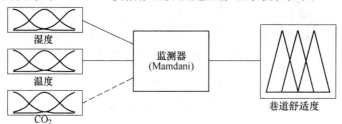

图 10-9　Mamdani 推理系统示意图

在隶属函数编辑器中，分别输入选定的温度、湿度、CO_2，以及巷道舒适度的隶属函数，并修改变量名。其中输入变量隶属度函数曲线如图 10-10 ~ 图 10-12 所示，输出变量隶属度函数曲线如图 10-13 所示。

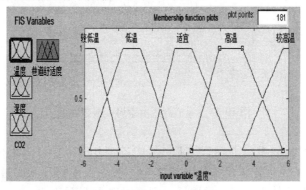

图 10-10　温度隶属度函数曲线

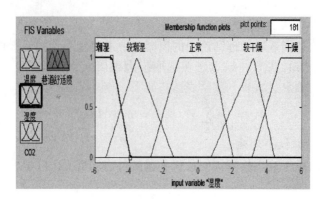

图 10-11 湿度隶属度函数曲线

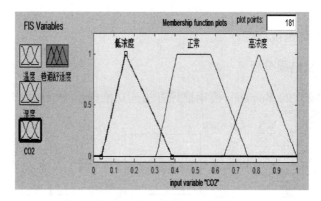

图 10-12 CO_2 隶属度函数曲线

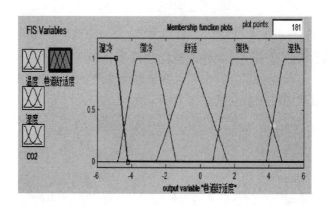

图 10-13 巷道舒适度隶属度函数曲线

点击隶属度函数编辑器窗口 "Edit" 中的 "Rules",进入模糊规则编辑器,将前面设定的 25 条模糊规则输入编辑器中。在输入模糊规则的过程中,如果想要将输入、输出的某个语言变量取反,则可以选中下面的 "not"。若输入的模糊规则不正确，则可以利用"Delete rule"按钮删除选中的模糊规则，然后重新添加正确的模糊规则，若不想删除，则可以直接选中"Change rule"按钮修改选定的模糊规则。

参 考 文 献

［1］Emmanuel Candes. Compressive Sampling ［C］∥International Congress of Mathematies. Madrid, SPain, 2006, 3：1433～1452.

［2］张茜，郭金库，余志勇，等．使用小波分层连通树结构的压缩信号重构［J］．国防科技大学学报，2014，5：87～92.

［3］袁静．基于小波树模型的改进 SP 算法［J］．电声技术，2014，12：61～64.

［4］苏维均，王红红，于重重，等．基于小波树模型的 CoSaMP 压缩感知算法［J］．计算机应用研究，2012，12：4530～4533.

［5］王继良，林亚平，周四望．WSN 中一种分布式数据压缩算法［J］．计算机工程与应用，2007，43（27）：20～21.

［6］崔莉，鞠海玲，苗勇，等．WSN 研究进展［J］．计算机研究与发展，2005，42（1）：163～174.

［7］李雄，王凯，徐宗昌．基于模糊贴近度的多传感器数据融合测量［J］．计测技术，2005，25（4）：6～8.

［8］刁联旺，王常武，商建云，等．多传感器一致性数据融合方法的改进与推广［J］．系统工程与电子技术，2002，9：60，61，110.

［9］韩峰，朱镭，智小军．基于模糊理论的多传感器数据融合测量［J］．应用光学，2009，6：988～991.

［10］宋胜娟．基于粗糙模糊集的数据融合在传感器网络中的应用［D］．天津：天津大学，2012.

［11］李彬彬，冯新喜，王朝英，等．异类传感器三维空间数据关联算法研究［J］．宇航学报，2011，32（7）：1632～1638.

［12］黄友澎，吴汉宝，张志云．基于方位合成的异类传感器航迹数据融合算法［J］．西南交通大学学报，2011，46（2）：277～280.

［13］Ulrich K，Simon H，Klaus D. Dynamical information fusion of heterogeneous sensors for 3D tracking using particle swarm optimization ［J］. Information Fusion，2011，12（4）：275～283.

［14］Alex J Barnett，Gavin Pearson，Robert I Young. Optimising the deployment of airborne heterogeneous sensors for persistent ISR missions ［C］∥Proc. of SPIE，2010，7694：0401～0410.

［15］Liang Q，Wang L. Event detection in wireless sensor networks using fuzzy logic System ［C］. Computational Intelligence for Homeland Seeurity and Personal Safety Orlando, FL, USA, 31Mareh-1 April，2005.

［16］Giorgio Quer，Riccardo Masiero，Gianluigi Pillonetto. Sensing，compression and recovery for

WSNs: Sparse signal modeling and monitoring framework [J]. IEEE Transactions on Wireless Communications, 2012, 11(10): 3447~3461.

[17] Dremeau A, Herzet C, Daudet L. Boltzmann machine and mean-field approximation for structured sparse decompositions [J]. IEEE Trans on Signal Processing, 2012, 60: 3425~3438.

[18] Emmanuel Candès, Michael Wakin. An introduction to compressive sampling [J]. IEEE Signal Processing Magazine, 2008, 25(2): 21~30.

[19] Richard Baraniuk. Compressive sensing [J]. IEEE Signal Processing Magazine, 2007, 24(4): 118~121.

[20] 石光明, 刘丹华, 高大化, 等. 压缩感知理论及其研究进展 [J]. 电子学报, 2009, 5: 1070~1081.

基于 RFID 的 WSN 的钨矿考勤系统设计与研究

11.1 RFID 技术研究

RFID 基本工作原理如图 11-1 所示。阅读器将某特定频率的无线载波信号经阅读器天线发射出去；标签进入发射天线能量区域后，无源标签因产生感应电流而激活获得能量，离开读写器有效区域以后，缺乏能量激活工作状态转入休眠模式；有源电子标签自带电源始终处于激活状态，发出电磁波与阅读器通信。标签激活状态下标签通过天线发射自身编码信息；阅读器接收天线的调节器读取的标签载波信号传输给阅读器；阅读器内部信息处理模块对接收到的信号进行调制解码后将有效信息送往计算机上位机控制客户端；控制系统运用逻辑运算判断正在读取标签的身份信息是否合法，再依用户的要求做出各种处理或控制，控制阅读器的读或者写的动作[1,2]。

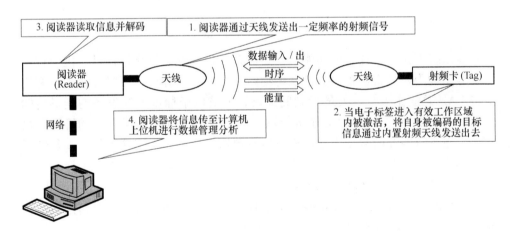

图 11-1　RFID 射频识别工作原理图

通过 RFID 工作原理可以分析出，标签与阅读器之间的相互通信为本考勤系统应用前端服务，读写器和应用系统之间通常可以通过无线通信或有线接口通信，能按用户应用需求向阅读器发送读写命令，阅读器再向客户端的返回执行后状态[3]。

11.2 钨矿考勤系统的分析与设计

11.2.1 系统的总体设计与分析

11.2.1.1 系统总体设计

本章提出一套结合 RFID 技术和 WSN 技术的钨矿考勤系统设计方案，并对此方案进行详细分析。此系统下位机是 ARM 芯片为控制器及其外设如射频识别读卡端及无线传感器通信的设计，每个 RFID 阅读器节点通过 WSN 互联通信，将钨矿井下各个监控点连接起来构成总控信息平台；上位机是一套计算机钨矿井考勤信息管理系统，用于考勤数据的查询管理及报表形成。整个考勤系统设计方案涉及无线通信技术、无线射频识别技术、数据库创建、数据控制系统等方面，系统整体框图如图 11-2 所示。

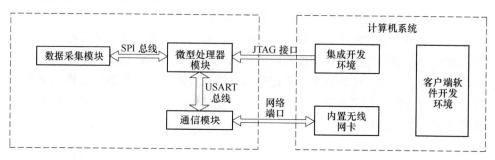

图 11-2　系统总体框图

本系统不仅要实现基础功能，还要对系统稳定性、可靠性调试、抗干扰能力、容错能力及异常保护等方面系统性能进行相应的分析。项目方案确定利用现场 CAN 总线作为井下人员考勤阅读器、人员电子标签卡等设备的能量传输平台，与系统通过 WSN 通信连接传输，井下人员考勤阅读器及考勤管理专用软件与主系统匹配的数据库通信进行后台数据交换，以实现井下作业人员的考勤管理[4]。

11.2.1.2 系统网络构架设计

系统网络构架设计结合 WSN 原理，阅读器读取的电子标签信息传送到上位机控制系统的过程如图 11-3 所示。

11.2.2 系统组成部分选型及分析

11.2.2.1 数据采集模块的选择

根据系统需求，在整个考勤系统的前台使用 RFID 射频技术来实现员工打卡考勤获取信息。

在 RFID 系统中采用 2.4GHz 有源主动 RFID 远距离射频识别作为下位机数据

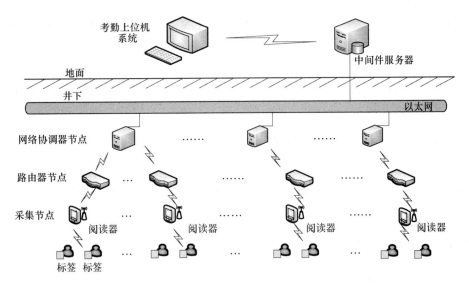

图 11-3 系统网络架构设计

采集器。为了使系统维护方便及延长有源射频识别的电子标签的使用寿命，对 RFID 工作的低功耗具有较高的要求，使自带电源的工作寿命延长，而目前有源 RFID 系统根据实际应用情况使其工作状态及模式周期性转换已实现低功耗的要求。

11.2.2.2 处理器的选择

结合实际需要在 MCU 的选型上主要考虑以下几个方面：

（1）MCU 需要能够方便地与外部接口实现无缝连接、具有较强的数据存储处理能力、足量的 I/O 口以及低功耗；

（2）具有便利的开发工具与编译工具，可降低系统的开发难度，加快系统开发速度以及便于产品的更新升级；

（3）价格问题，性能价格比是开发的产品能否立足市场的前提，还应考虑后期产品升级方向。

根据以上考虑本设计处理器采用 STM32F103VET6 芯片。

11.2.2.3 通信方式的选择

目前通信方式主要有两大类：有线通信和无线通信。有线和无线通信方式在钨矿环境下的使用各有其优缺点，有线通信信号稳定、抗干扰效果好、安全可靠，但是布线复杂，成本高；无线通信方便，但是不稳定，易受干扰。

在矿井这种特殊工作环境下的通信系统比一般地面通信系统的要求更为严格。根据有线和无线通信的优缺点比较以及钨矿井下通信系统的特殊要求综合分析，考虑钨矿井下有线通信在使用时其布线复杂烦琐是很大的弊端，而无线通信可以很好地解决这个问题，且无线有更方便的管理和更好的功能扩展性，故选择无线通信方式。在无线通信方式中，选择 WiFi 的通信方式、且采用 TCP/IP 通信协议。

11.2.2.4　客户端软件开发环境选择

基于之前组成部分的选型以及设计功能的要求，选择 LabVIEW 为客户端软件开发环境。

11.2.3　系统主要功能及特点分析

考虑系统设计安全、可扩容、易操作易维护等性能，实现对钨矿井下作业人员进出考勤有效识别监控，促进数字矿山目标实现。系统选用的有源 RFID WSN 考勤系统具有高速率、低功耗、自拓展和灵活的网络拓扑结构等显著特点[5]。

11.2.4　各模块模型的建立

11.2.4.1　RFID 通信模型

阅读器与电子标签之间通信的模型，物理层保证信息传递的准确性，主要实现通信频率、数据编码、调制、时钟的控制等；通信层确定阅读器、电子标签指令和数据交换的方式，及防冲突协议的确定[6]；应用层完成电子标签信息识别，及数据传输安全机制的加密解密通信过程。

11.2.4.2　无线通信模型

发射设备由变换器（换能器）、发射机、天线等组成，信息无线发射过程是由变换器先将需要发送的信息转变为电信号，经过发射机将之前转变的电信号转为较强的高频电振荡，最后由天线将其变换成电磁波向无线传输媒介辐射出去；接收设备由天线、接收机、变换器（换能器）等组成，接收过程是发射过程的逆过程，将无线传播过来的电磁波转换回高频电振荡，由接收机转换为电信号，经变换器后电信号转换为需要提取的有效信息，如图 11-4 所示。

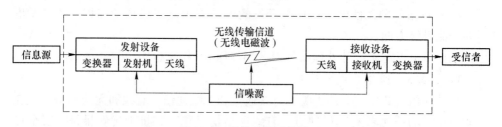

图 11-4　无线通信系统模型

11.2.5　RFID 系统性能分析

RFID 信号在信道传输过程中，会受到各方面因素影响衰减损失，功率传输信号接收功率计算如下：

$$P(d) = d^{-n}S(d)R(d) \tag{11-1}$$

式中，d 为接收端到发送端的距离。

通过式（11-1）可以看出，RFID 系统中信道对信号的影响因素有：

（1）路径损耗 d^{-n} 是指在大尺度区间内接收信号强度随 d 距离而变化的特性；

（2）慢衰落 $S(d)$ 为中等尺度区间内信号电平中值的慢变化，由于传输环境中墙体或其他障碍物对电波遮拦导致的衰落；

（3）快衰落 $R(d)$ 由多路径散射产生，它描述小尺寸区间内接收信号场强的瞬时值的快速变化特性。

如图 11-5 所示表示了 RFID 信号经过 RFID 信道的路径损失、慢衰落和快衰落[7~9]。仿真中取参考距离 d_0 为 1m，其他参数：频率为 900MHz，n 为 2.4，X_σ 为 9.6dB。图中的距离用对数表示（对应超高频 RFID 系统）。

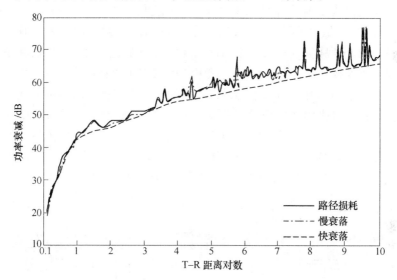

图 11-5　功率传输中路径损耗、慢衰落、快衰落的关系

11.3　系统硬件部分的设计与实现

11.3.1　系统硬件总体设计方案

在上一节的系统总体设计时已经将各模块所用的芯片器件选型，本节具体介绍这些硬件部分所选器件的一些主要性能。

（1）射频识别模块：2.4GHz 有源 RFID 射频识别系统（主要芯片 nRF24LE1）。

（2）控制处理模块：STM32F103VET6 芯片及其外围电路。

（3）无线通信模块：WiFi 设备服务器。

硬件部分的设备关系框图如图 11-6 所示。

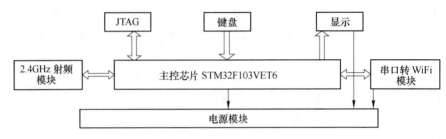

图 11-6　硬件设备框图

11.3.2　射频识别模块

射频识别模块主要芯片是 nRF24LE1，该芯片还内嵌 2.4GHz 无线射频收发器。nRF24LE1 内嵌 2.4GHz GFSK 收发器协议引擎，射频收发器工作于 2.4 ～ 2.4835GHz 的 ISM 频段，比较适于超低功耗要求的无线应用。收发器利用映射寄存器完成配置及操作。MCU 通过一个专用 SPI 接口可以访问寄存器，内嵌的协议引擎允许数据包通信并支持从手动操作到高级自发协议操作的各种模式，射频收发器模块数据先进先出法保证射频模块与 MCU 之间数据流平稳。2.4GHz 有源远距离识别系统利用电子标签天线和阅读器天线辐射远场区之间电磁波的发射和反射形成无接触空间传输通道，利用辅助电池为电子标签的微型芯片提供足够能量，以便读/写存储数据，2.4GHz 有源射频识别结构图如图 11-7 所示。

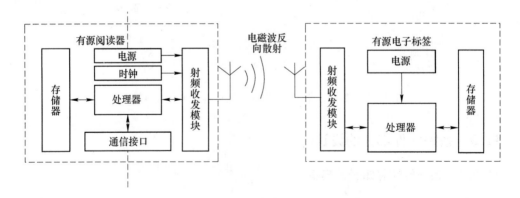

图 11-7　2.4GHz 有源射频识别结构图

本系统实验平台所用 2.4GHz 有源 RFID 标签在独立 3V 电源驱动下间歇性工作，周期性对外主动广播只读 ID 信息，周期约为 550ms，系统实现为纯标签 ID 识别系统，标签对外广播 ID 的过程完全独立于阅读器的控制之外，阅读器只对标签广播的信号进行监测[10]。本考勤系统 2.4GHz 有源 RFID 系统阅读器功能要求除了读取电子标签主动发送的标签数据外，还能获取有源标签内的目标数据及电池电量等信息。另外，读写过程中能对错误有相应的提示，可以读取动态和静态的电子标签。

此外由于系统对功耗低、系统性能及稳定性等有较高的要求，还有 RFID 工作状态切换、系统流程控制以及防冲突算法实现等主要工作。工作状态切换主要是根据标签识别机制，通过控制 MCU、射频芯片的工作状态来实现。电子标签的工作状态在工作模式、发射模式及休眠模式之间转换，有源电子标签实际的工作状态转换如图 11-8 所示，工作状态的转换可以有效控制标签能耗，延长标签的使用寿命，降低成本。系统流程

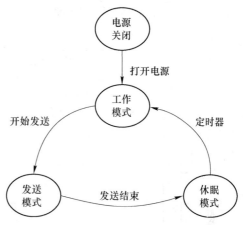

图 11-8 有源 RFID 电子标签工作状态转换

控制是通过烧录的主控制器即 MCU 的程序来对标签整体的工作流程、工作状态及相关时序进行控制，实现标签内部各部分协调工作[11]。防冲突算法的实现通过选择合适的防冲突算法来降低射频识别系统的冲撞几率，提高整个系统的工作能力。

11.3.3　控制处理模块

STM32F103VET6 芯片的内部结构如图 11-9 所示。

11.3.4　无线通信模块

本设计的无线通信系统主要是由 WiFi WSN 构成，如图 11-10 所示，此网络由数据采集系统、ARM 嵌入式系统、无线 AP、无线网卡等四部分组成，由射频识别系统构成的采集系统和 ARM 嵌入式系统通过 ISP 总线连接，采集系统在收到 ARM 控制器指令要求实现数据采集功能后，再将采集的目标数据反馈给 ARM 控制器；而与 ARM 控制器通过 USB 总线连接的 WiFi 无线模块，将 ARM 控制器传送过来的目标数据传送到无线接入点，再由无线接入点通过网络端口桥接转发到计算机无线网卡，从而由远端控制台即上位机接收。无线通信模块的功能是将各个以 ARM 嵌入式系统为中枢的节点的目标数据收集并发送给上位机。

WiFi 无线模块使用的硬件为串口转 WiFi 模块 HLK-RM04，该 WiFi 模块支持无线网卡模式、无线 AP 模式，它既可以当普通的 WiFi 设备进行通信，也可当作

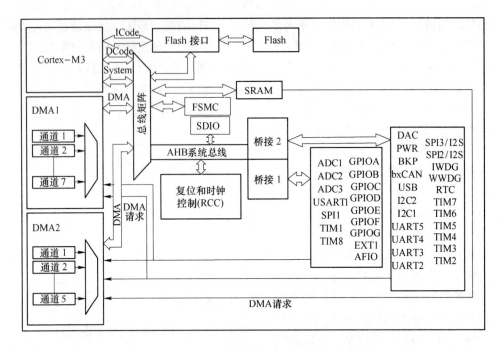

图 11-9 STM32F103VET6 内部结构

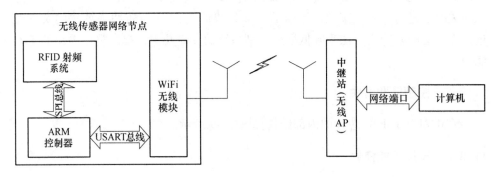

图 11-10 WSN 的结构

AP 进行局域网链接；支持串口透明数据传输模式并且具有安全多模能力，传统的串口设备在不需要更改任何配置的情况下，能更好地加入无线网络，即可通过互联网传输自己的数据。WiFi 模块是基于 USART 的网络标准的嵌入式模块，内置 TCP/IP 协议栈，可实现用户串口到 WiFi 接口之间的转换。

11.4 系统软件部分的设计与实现

11.4.1 系统软件模块设计思路及框架

本系统软件功能整体思路是：软件开发上位机 LabVIEW 通过与数据库的连

接，将下位机无线发送过来的射频卡信息，索引数据库中对应卡号的员工的信息，进行各种数据库信息修改、查询、调用等方式，记录并生成报表实现考勤各类功能。

由整体思路可见，软件部分设计主要以 LabVIEW 客户端为软件核心，分别与下位机主控芯片 ARM 和数据库互联通信，再实现各种考勤功能软件设计，即软件部分设计可以为分四部分：通信部分软件设计、数据库设计、下位机 ARM 主控芯片软件设计、LabVIEW 界面功能软件设计。

软件部分设计框图如图 11-11 所示。

图 11-11　系统软件模块框图

11.4.2　通信模块软件设计

通信部分软件设计涉及 LabVIEW 与下位机通信机理及 LabVIEW 与数据库通信机理，这两部分设计主要是在 LabVIEW 编程上实现，而贯通这两个软件部分的基础是 WSN 的数据传输原理。

通信部分机理为本设计考勤数据传输通道是无线传输链路，采用 TCP 协议作为考勤数据传输协议，采取客户机/服务器点对点信息传输通信模式。LabVIEW 平台开发考勤系统控制软件是一个客户端的用户程序，其网络构架处于 TCP/IP 协议栈的应用层，通过操作系统所提供的传输层协议接口来进行考勤数据的传输。

LabVIEW 与 ARM 通信的软件编程方面，LabVIEW 可以调用 TCP 开启、写入、读取、关闭等 TCP 功能，并设置好由下位机 ARM 的外设串口转 WiFi 硬件配置的 IP 地址和端口号，且传输层协议接口选择 TCP 通信协议。其通信过程为：客户端首先发送 TCP 连接请求，服务器立刻响应进行无线网络连接，网络连接成功后等待钨矿考勤现场数据采集节点进行员工考勤信息的采集，采集成功后与客户端进行相应的连接传输考勤信息，此时，上位机和下位机无线通信过程基本实现。其中无线传输过来 TCP 数据是十六进制字符串，故服务器在采集到考勤信息传输给客户机时需要将信息转换成正常显示字符串，才能实现其他通信过程。由于 TCP 协议包含拥塞控制和流量控制机制，在通信过程中可以有效防止网络中因数据过多或发送端发送速率过快，导致接收端数据拥塞或数据读取失败的情况。

11.4.3　数据库设计

LabVIEW 与数据库建立连接通信的方式有两种：第一种是 UDL（universal

data link）方式，即通用数据连接，使用 UDL 文件保存连接字符串；第二种是 DSN（data source name），即数据源名称，主要是通过 DSN 文件存储数据库连接信息。由于功能和数据库软件的要求，本设计采用的是第二种方法，通过 ODBC 数据源管理器中的数据库驱动程序，建立相应数据库的 DSN 文件，在 LabVIEW 中通过该 DSN 文件实现与所需的数据库连接。

从功能要求上可知本系统存在大量对数据库访问的操作，LabVIEW 数据库工具包只能操作而不能创建数据库，因此采用第三方数据库管理系统软件 SQL SERVER 2008 创建数据库。

根据要求，设计的数据库表格主要有：

（1）员工录入信息表（编号、姓名、性别、年龄、职称、员工卡号、录入时间）；

（2）考勤操作登录人员表（员工卡号、姓名、密码、操作权限）；

（3）班种表（班种代号、班种名称）；

（4）刷卡记录表（员工卡号、刷卡时间）；

（5）考勤员工查询表（编号、姓名、性别、年龄、职称、员工卡号、考勤时间）；

（6）考勤表格（编号、姓名、性别、职称、发放卡号、录入时间、刷卡卡号、刷卡时间）。

以上各表通过不同的数据查询技术，使表格之间根据要求相互调用，实现本考勤系统的不同功能。

11.4.4 考勤客户端功能软件设计

11.4.4.1 考勤客户端编程方法及功能介绍

LabVIEW 分别实现与下位机 ARM 通信以及与数据库的通信，开始实现考勤系统各种功能的程序设计。实现各类功能的程序设计，主要是通过 LabVIEW 对数据库数据的操作。本设计实现 LabVIEW 对数据库数据操作采用 LabSQL 模块对通过 DSN 文件连接已建好的考勤数据库的数据进行各类操作，实现钨矿考勤系统客户端界面的各种功能。钨矿考勤系统客户端设计的功能分为五大模块，考勤登录界面、考勤主界面、录入员工信息、考勤表、考勤情况查询。

考勤客户端系统各模块功能框图如图 11-12 所示。

LabVIEW 实现与数据库连接且进行各类数据操作的部分主要操作如下：

（1）使用 ADO Connection Create 建立与数据库的连接；

（2）再用 ADO Connection Open 将需要连接的数据库 DSN 文件及相应的账号和密匙输入 Connection String，打开与指定数据库的连接；

（3）在 SQL Execute 的 Command Text 处输入需要进行的数据操作的 SQL 语

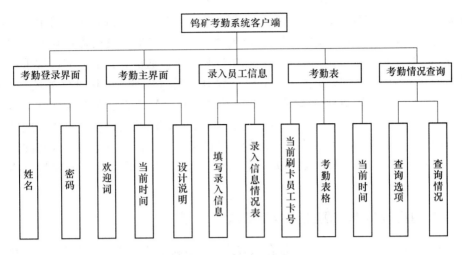

图 11-12　系统功能结构图

句，通过不同的 SQL 语句的要求实现考勤数据的读写、删增及调用等操作，此步的关键部分在于对 SQL 语句的应用；

（4）使用 ADO Connection Close 断开与数据库连接。

11.4.4.2　考勤客户端程序设计

考勤客户端程序设计包括：

（1）考勤登录界面程序设计；

（2）录入员工信息程序设计；

（3）考勤实现的程序设计；

（4）考勤情况查询程序设计。

11.5　有源 RFID 防冲突算法分析与研究

11.5.1　有源 RFID 冲突产生问题分析

根据本系统设计要求，在射频识别模块采用 2.4GHz 有源 RFID 识别系统，故本章主要是对有源 RFID 电子标签的防冲突算法进行研究[12,13]。

防冲突算法利用多路存取[14]机理，发展了很多标签防冲突算法，保证了 RFID 系统中阅读器与电子标签之间数据传输的完整性。在应用时，防冲突算法的完善性很大程度上决定了系统性能的优劣[15]。

RFID 系统在工作时，多个电子标签处在单个（或多个）阅读器作用范围内，同时发送数据时共享同一无线通道会产生信号相互干扰，从而造成通信冲突，引起数据传输错误，即产生冲突。产生冲突问题主要有三种情况：标签冲突、阅读器干扰、标签干扰。而本系统是有源 RFID 系统，故主要产生的冲突情况是标签冲突。

为防止冲突的产生，本系统设计中需要采取相应的防冲突协议技术措施，防冲突协议由防冲突算法和有关命令来实现。在本设计的有源 RFID 系统中，主要考虑的问题是，在阅读器的作用范围内多个电子标签同时向阅读器传输数据的通信方式过程中产生的冲突。在无线通信中，为解决该通信方式的冲突，常采取空分多址（SDMA）、频分多址（FDMA）、码分多址（CDMA）和时分多址（TDMA）四种方法。而 RFID 系统中主要采用的是 TDMA 法的原理来解决电子标签冲突的问题。其中时分多址技术可以把整个可供使用的信道容量按时间分配供给多个用户，即每个电子标签在所分配的单独的某个时隙内占用信道实现与阅读器的数据通信。ALOHA 算法和二进制树形算法是目前主要采用的 TDMA 防冲突算法[16]。

11.5.2 基于 ALOHA 算法的防冲突算法

ALOHA 算法是一种时分多址存取方式，采取随机多址方式，在 RFID 防冲突算法中，ALOHA 算法对硬件要求较低且更易于实现，适合低通负载的系统，目前基于 ALOHA 的防冲突算法主要有纯 ALOHA 防冲突算法、时隙 ALOHA 防冲突算法、帧时隙 ALOHA 防冲突算法和动态帧时隙 ALOHA 防冲突算法[17]，本节将分别讲解这几种 ALOHA 算法，分析对比它们的优缺点。

11.5.2.1 纯 ALOHA 算法

纯 ALOHA 是最简单的一种 TDMA 防冲突算法，最初应用于解决网络传输中数据包拥塞问题，这种算法采取 TTF 的方式，即电子标签进入阅读器的作用区域就自动发送自带的编码信息，若阅读器没有正常获取数据则会按一定周期再次发送数据，直至数据发送成功。

假设一个标签随机发送一个传输时间长度为 T_0 的数据包，该标签开始发送数据的时刻为 t，则在 $(t - T_0, t + T_0)$ 的时间区间内如有其他数据包同时传输将引起数据冲突。冲突时间的区间为 $2T_0$，若发生冲突，则标签随机延时一段时间后再发送数据，直到数据发送成功。

纯 ALOHA 算法的吞吐率 S 如式（11-2）所示：

$$S = Ge^{-2G} \tag{11-2}$$

式中，G 为平均数据包交换量，由式（11-3）确定：

$$G = \sum_1^n \frac{\tau_n}{T} r_n \tag{11-3}$$

式中，n 为阅读器作用范围内的标签数量；τ_n 为第 n 个阅读器某时刻接收数据包的时间长度；r_n 为第 n 个阅读器 T 时间内接收数据包的个数；T 为观察数据包交换量的时间段。

系统中数据传输成功率 Q 由式（11-4）确定：

$$Q = \frac{S}{G} = e^{-2G} \tag{11-4}$$

纯 ALOHA 算法在 MATLAB 仿真结果如图 11-13 所示。

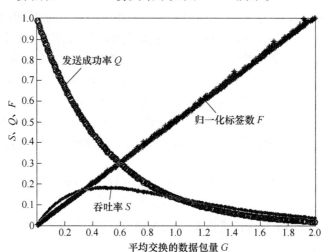

图 11-13 纯 ALOAH 算法的吞吐率、成功率与数据交换量的关系

从图 11-13 中可以明显看出，平均数据包交换量较小时，即在标签数目很少的情况下，虽然数据发送成功率 Q 值很高，但系统吞吐率 S 很小，说明数据传输信道利用率很低，G 在 0.5 的时候吞吐率 S 达到最峰值，约为 18.4%。而随着标签数目增多，标签之间冲撞发生率明显增加，导致发送成功率急剧下降，系统吞吐率明显降低，系统读取时间明显上升，80% 的信道容量没有被充分使用，导致系统资源严重浪费，因此在实际应用中还是应用较少。

纯 ALOHA 的传输时延仿真图如图 11-14 所示。从图 11-14 可以看出，平均交换的数据包量越多，其传输时延的增长速率也越来越大，即随着电子标签的数量增多，标签碰撞率增加，系统所消耗的时延急剧增长。由此可见纯 ALOHA 在电子标签数量较多的情况下并不适用。

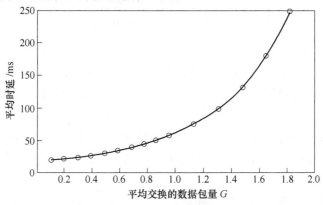

图 11-14 纯 ALOHA 的传输时延

11.5.2.2　时隙 ALOHA 算法

时隙 ALOHA 算法（slotted ALOHA，S- ALOHA）是对纯 ALOHA 算法的一种改进算法，其基本思想是在纯 ALOHA 的基础上将时间轴分为一个个离散的时隙，所有的标签只能在时隙开始的时刻发送数据包，在同一个时隙内没有标签发送为空时隙，只有一个标签发送则数据传输成功，有多个标签发送数据则产生冲突，此时标签随机延时后重新发送数据，直到所有标签发送成功。因此时隙 ALOHA 算法里只存在完全冲突和发送成功两种现象，且时隙 ALOHA 算法改进后可将纯 ALOHA 算法 $2T_0$ 的冲撞区间缩减为 T_0，从而把纯 ALOHA 系统的吞吐率提高了 1 倍，提高整个系统的利用率。

经过计算后时隙 ALOHA 的吞吐率 S 如式（11-5）所示：

$$S = Ge^{-G} \tag{11-5}$$

因此时隙 ALOHA 算法仿真以及与纯 ALOHA 算法仿真比较结果如图 11-15 所示。

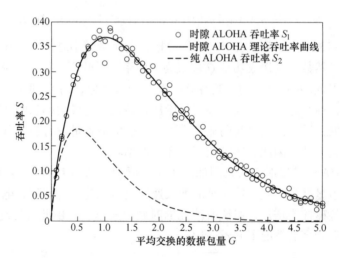

图 11-15　纯 ALOHA 与时隙 ALOHA 吞吐率比较

由图 11-15 可以看出，时隙 ALOHA 算法的吞吐率最高值是纯 ALOHA 算法的 2 倍，吞吐率最高值的平均传输数据包量也是纯 ALOHA 的 2 倍。

时隙 ALOHA 传输时延仿真图如图 11-16 所示，将图 11-15 和图 11-16 进行对比可以看出，随着平均交换数据包量 G 增加，时隙 ALOHA 算法下的系统时延增长率基本随着 G 的变化而均匀变化，时隙 ALOHA 算法的平均时延明显降低了纯 ALOHA 算法的传输时延增长率，即在电子标签数量较大时，时隙 ALOHA 算法明显比纯 ALOHA 算法有优势。

11.5.2.3　帧时隙 ALOHA 算法

在时隙 ALOHA 算法的基础上，又提出了帧时隙 ALOHA 算法（framed slotted

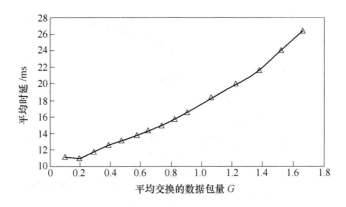

图 11-16 时隙 ALOHA 传输时延

ALOHA，FSA），帧时隙 ALOHA 的一帧是指由阅读器要求的包含若干时隙的时间间隔，一个阅读周期是指由若干帧组成的标签识别过程，帧时隙 ALOHA 算法首先要求阅读器发送一个包含多个时隙的指定帧长，标签在帧时隙中选择好特定时隙，并只有在该时隙开始的时刻进行数据传输。这类方法的优点是标签的平均读取时间较理想，但是帧时隙最大的问题是在电子标签数量增多到一定数量时，系统的工作效率会突然急剧下降[18]。另外帧时隙 ALOHA 算法中另一个重要的问题是帧长的确定，每一帧包含的时隙的数量多于标签数时，造成时隙浪费，降低了系统的效率；远少于标签数时，会造成大量的冲突而降低系统吞吐率。电子标签数目过少和过多时，能不能很好地利用系统，对帧时隙 ALOHA 算法性能影响较大。

帧长为 L，标签 N 时，系统读取正确时隙率由式（11-6）计算：

$$P_l = \frac{n}{L}\left(1 - \frac{1}{L}\right)^{n-1} \tag{11-6}$$

空闲时隙率如式（11-7）所示：

$$P_0 = \left(1 - \frac{1}{L}\right)^n \tag{11-7}$$

碰撞时隙率如式（11-8）所示：

$$P_k = 1 - P_0 - P_l = 1 - \left(1 - \frac{1}{L}\right)^n - \frac{n}{L}\left(1 - \frac{1}{L}\right)^{n-1} \tag{11-8}$$

根据以上数学模型帧时隙 ALOHA 算法仿真如图 11-17 所示。

因此，针对 FSA 算法的缺点，接着提出了动态帧时隙 ALOHA 算法（DFSA）以改善帧时隙 ALOHA 标签识别效率低的问题[19]，DFSA 算法每帧的时隙数根据在阅读器作用范围内未读取成功的标签数量的变化而不断改变，即帧的长度由标签识别成功的时隙数、产生完全冲突时隙数、空时隙数等一些信息判定，因此最佳帧长度也是不断变化的，要保证帧时隙和电子标签数量始终保持接近，即尽量

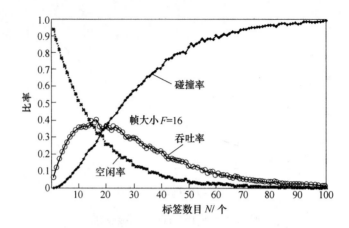

图 11-17 帧时隙 ALOHA 的吞吐率、碰撞率、空闲率与标签数目的关系

保证帧长度的选取尽量接近最佳帧长，就能使系统的工作效率有效提高[20]。因此 DFSA 算法在读取过程中要估算标签数。估算标签数的方法有很多种[21]，有估算标签总数目及估算未识别的标签数目等思路，其中标签估算方法有下限值法、空时隙数法、最大后验概率法、贝叶斯标签估计法、三维估计法等[22~24]。

11.5.3 基于二进制算法的防碰撞算法

二进制算法是基于轮换查询的方法，按照树模型的顺序将所有可能产生的情况都进行一遍，因此消耗系统读取时间较长。它是一种确定性的防冲突算法而不是基于概率的算法，因此有采取裁剪枝叶的二进制算法，只对有冲突的节点进行查询，能减少部分读取时间。

二进制数算法可以识别大量的电子标签，但识别过程中需要阅读器进行选择工作，造成阅读器的工作负担，且二进制算法不适合有源 RFID 系统的数据通信。与动态帧 ALOHA 防冲突算法比较，发现二进制算法的总读取时间取决于标签的数目，且读取时间明显要比动态帧 ALOHA 算法长[25~27]。所以根据以上分析本设计主要在基于 ALOHA 防冲突算法上进行研究。

11.5.4 一种改进的防冲突算法

DFSA 根据当前空闲率和碰撞率动态调整帧长提高识别效率[28,29]，该算法的识别率和稳定性较高，因此目前市场上应用较为广泛，但该算法帧长在大于256、对标签过多碰撞率增加的情况下应用效率十分低下[30]。

从以上几种防冲突算法分析比较中可以看出，DFSA 算法相较于其他 ALOHA 算法和树形二进制算法是更有效且更适合本设计的防冲突算法。DFSA 中确定最佳帧长度是整个动态帧时隙算法中最主要的特点，根据理论分析后发现，最佳帧长度与该阅读器范围内未成功读取的电子标签数目有关且成正比。DFSA 算法虽然在一定程度上改善了固定帧 ALOHA 算法的一些缺陷，但是其本身在实际运用中还是存在一些问题，在标签数量较多的情况下，也存在其系统工作性能急剧下降的缺点，因此本节提出一种改进的 DFSA 算法，使之适用于本设计的考勤系统。

本节提出一种改进的动态帧时隙 ALOHA 防冲突算法，主要思想是针对帧时隙 ALOHA 算法标签数超过 256 时，系统的识别性能差的局限性，结合二进制算法的分组思想，提出一种分组帧时隙 ALOHA 防冲突算法（GFSA），分组帧时隙 ALOHA 算法的优越性在标签数量越大越能体现出来。各类研究表明，当帧长为标签数的 1.7 倍时，识别效果最好，因此结合这个结论，使改进后的分组 DFSA 算法能更方便地确定最佳帧长并实时调整[31]。改进的分组算法思路[32]如图11-18所示。

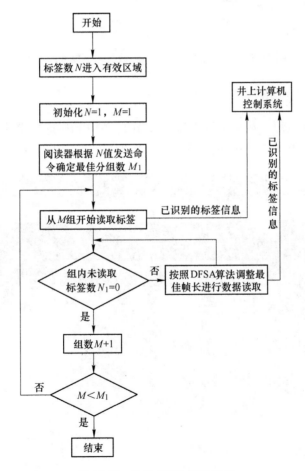

图 11-18　改进 DFSA 算法思路

改进后 DFSA 算法仿真的时隙数与标签数量的关系如图 11-19 所示。改进了帧长超过 256 时性能明显下降的现象，如图 11-19 所示消耗的时隙数比未改进 DFSA 算法有明显降低，电子标签数到 500 以后，其消耗时隙数急剧上升，其可有效读取的标签数目比改进前的 DFSA 提升了至少 9.36%。

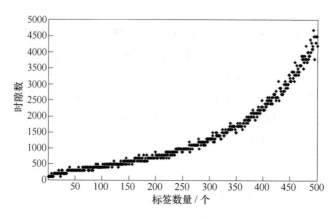

图 11-19　改进后的 DFSA 时隙数与标签数量的关系

11.6　考勤系统测试

打开试验箱电源，在显示屏上选择 2.4GHz 的 RFID 选择模块，确定计算机系统与试验箱的 WiFi 模块所配置的无线网络 TD 连接，如图 11-20 所示。

图 11-20　与 RFID 系统无线连接

系统主界面显示当前时间、欢迎词以及本设计的说明，系统的选择目录上有录入员工信息、考勤表、考勤情况查询三个功能模块。

本模块需要将新员工基本信息及入职岗位、发放的卡号等填写在左边信息栏，信息录入成功后，将马上显示在右边的信息录入情况表中，同时将显示该员工的录入系统时间。实时考勤表模块可以实时动态显示矿井下当前刷卡的员工信息，并保存在数据库中，如图 11-21 所示。

图 11-21　考勤系统实时考勤情况表

当管理者需要查询某员工的考勤情况时，在考勤情况查询模块，在查询选项按钮上选择待查询员工姓名或员工卡号，并将对应的查询信息输入在查询框中，将会显示该员工所有考勤情况。

实验操作图如图 11-22 所示，本考勤系统设计所用的试验箱为广州飞瑞敖电子科技有限公司所提供的物联网射频识别 RFID 试验箱，如图 11-22（a）所示，先将 2.4GHz 有源 RFID 模块选好，将有源电子标签电池接上，考勤信息立刻在考勤终端的考勤表上显示，由于有源 RFID 发送信息迅速，在考勤终端上每秒都能读取一次卡号，如图 11-22（b）所示，考勤终端显示读取的卡号。

从实际试验操作图中可以看出，2.4GHz 有源 RFID 射频识别系统可实现非接触式远距离考勤，在测试中其有效读取范围达十米多，在钨矿井下考勤方便、灵敏。

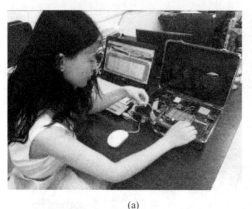
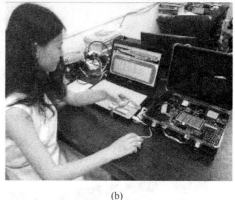

(a)　　　　　　　　　　　　　　　　　(b)

图 11-22　系统调试实际操作

(a) RFID 系统调试；(b) 考勤终端显示

参 考 文 献

[1] 靳惠迪. 基于网络的实时考勤控制系统关键技术研究与应用 [D]. 大连：大连交通大学，2009.

[2] 卢少平，郑明，吴耀华. 基于 RFID 的教室考勤系统设计研究 [J]. 现代电子技术，2010，33(18)：44~46.

[3] 郑贤忠. 基于有源 RFID 技术的车辆识别与控制终端系统研究 [D]. 武汉：武汉理工大学，2008.

[4] 董鹏永. 基于 RFID 的矿井人员定位系统应用研究 [D]. 焦作：河南理工大学，2008.

[5] Deborah E. Wireless sensor networks tutorial part Ⅳ：sensor network protoeols [C]. Atlanta，Georgia，USA：Westin Peaehtree Plaza，2002：23~28.

[6] 孙群英. 密集环境中有源 RFID 防冲撞算法的研究及应用 [D]. 杭州：浙江大学，2011.

[7] Golle P，Jakobsson M，Juels A，et al. Universal re-encryption for mixnets [C] // Proceedings of the Rsa Conference Cryptographer's Track，2002：163~178.

[8] Black J，Rogaway P，Shrimpton T，et al. An analysis of the block cipher-based hash functions from PGV [J]. Journal of Cryptology，2010，23(4)：519~545.

[9] Feldhofer M. An authentication protocol in a security layer for RFID Smart tags [C] // Proceedings of IEEE MELECON，2004(2)：759~762.

[10] Aigner M，Feldhofer M. Secure symmetric authentication for RFID tags [C]. Telecommunication and Mobile Computing TCMC2005 Workshop，Graz，Austria，2005.

[11] 刘思思. 有源 RFID 电子标签防碰撞算法研究 [D]. 武汉：武汉邮电科学研究院，2009.

[12] 高增貊，路勇. RFID 防碰撞算法应用研究 [J]. 铁路计算机应用，2014，23(7)：31~33.

［13］ 叶传玲. RFID 标签防碰撞算法研究 ［D］. 南京：南京邮电大学，2013.

［14］ Finkenzeller K. RFID Handbook ［M］. 2nd. New York：Wiley，2003.

［15］ 郑文立，郑贤忠，曹晓华. 集装箱射频识别系统中防碰撞算法的研究与应用 ［J］. 港口装卸，2007（10）：24～26.

［16］ 鄂艳辉. 基于 ALOHA 的 RFID 系统防碰撞算法研究 ［D］. 天津：天津大学，2009.

［17］ 周晓光，王晓华. 射频识别（RFID）技术原理与应用实例 ［M］. 北京：人民邮电出版社，2006.

［18］ 刘佳，张有光. 基于 RFID 防碰撞算法分析 ［J］. 电子技术应用，2007，5：94～96.

［19］ 曹高峰，卢建军，王晓路. 动态帧时隙 ALOHA 算法防信息碰撞研究 ［J］. 西安邮电学院学报，2011，9：23～25.

［20］ Cui Yinghua, Zhao Yuping. A modified q- parameter anti- collision scheme for RFID systems ［C］. 2009 International Conference on Ultra Modern Telecommunications & Workshops，2009，9（1）：197～203.

［21］ 王必胜，张其善. 可并行识别的超高频 RFID 系统防碰撞性能研究 ［J］. 通信学报，2009，30（6）：108～113.

［22］ Kim S S, Kim Y H, Lee S J, et al. An improved anti collision algorithm using parity bit in RFID system ［C］. 7th IEEE International Symposium on Network Computing and applications，2008，7：224～227.

［23］ Bonuccelli M A, Lonetti F, Martelli F. Tree slotted aloha：a new protocol for tag identification in RFID networks ［C］// Proc. of IEEE Int. Symposium on a World of Wireless，Mobile and Multimedia Networks，2006：603～608 .

［24］ Peng Qingsong , Zhang Ming, Wu Weiming. Variant enhanced dynamic framed slotted ALOHA algorithm for fast object identification in RFID system ［C］. Anti- counterfeiting，Security，I-dentification，2007 IEEE International Workshop，April，2007：88～91.

［25］ Klaus Finkenzeller. RFID Handbook：Fundamentals and Applications in Contactless Smart Cards and Identification ［M］2nd. John Wiley & Sons Ltd，2003.

［26］ Yu Songsen, Zhan Yiju, Wang Zhiping, et. al. Anti- collision algorithm based on jumping and dynamic searching and its analysis ［J］. Computer Engineering，2005，31：19，20.

［27］ Wang Tsan- Pin. Enhanced binary search with cut- through operation for anti- collision in RFID systems ［J］. IEEE Communications Letters，2006，10（4）：236～238.

［28］ 郭志涛，程林林，周艳聪，等. 动态帧时隙 ALOHA 算法的改进 ［J］. 计算机应用与研究，2012，3：907～909.

［29］ 俞嘉. 一种改进的动态帧时隙 ALOHA 算法 ［J］. 数据通信，2010，4：25～27.

［30］ Lutz J. High- performance elliptic curve cryptographic co- processor ［R］. Waterloo：Department of Electrical and Computer Engineering of the University of Waterloo，2003.

［31］ 单剑锋，谢建兵，庄琴清. 基于分组的动态帧时隙 ALOHA 防碰撞算法研究 ［J］. 计算机技术与发展，2011，11：39～45.

［32］ 李世煜. 射频识别（RFID）系统防碰撞算法研究与设计 ［D］. 成都：西南交通大学，2008.

12 基于 WSN 的环境监测系统设计与研究

12.1 环境监测系统的硬件设计

12.1.1 无线通信模块设计

对几种近距离无线通信技术的对比可以看出，它们在功耗、传输距离、及成本等方面有各自的优缺点，应根据具体的应用场合选用不同的通信方式。在钨矿井下，安全监测是一个长期、周期性的复杂过程，需要采集的数据量比较大，有线供电设备布线困难，但对数据传输速度要求不是特别高，因此要求通信传输设备具有成本低、功耗小且满足无线传输的特点，基于 ZigBee 的无线网络所使用工作频率段位为 868MHz、915MHz 和 2.4GHz，最大数据传输效率为 250kb/s，可以用在距离较短、功耗较低、传输速率不高的电子设备之间进行数据的传输，所以 ZigBee 最适合用于钨矿井下环境监测。但对于矿井下与矿井外相对较远的无线通信传输，ZigBee 的通信范围难以满足其要求，ZigBee 协议各层设计如图 12-1 所示。

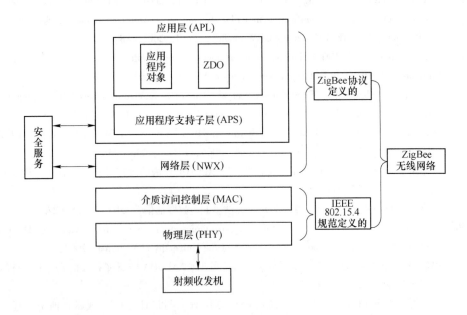

图 12-1　ZigBee 无线网络各层设计

12.1.2 节点电路设计

协调器节点的电路设计主要包括以 CC2530 为核心的硬件结构和无线模块的外围电路设计。ZigBee 协调器负责网络的建立，其网络的稳定性与可靠性直接影响数据传输的安全，是 WSN 中无线网络建立的核心内容。协调器首先要完成信道的选择工作，并在该信道中建立一个网络标识，应答终端节点的加入请求，最后为申请加入成功的终端节点分配网络地址，完成网络的建立工作，然后协调器将终端节点传来的数据传输给上位机，达到网络设备的通信功能。协调器节点由 CC2530 作为控制器。硬件结构如图 12-2 所示，主要包括无线模块、时钟模块、键盘、串口通信接口、调试接口、存储器、LCD 模块、蜂鸣器等。

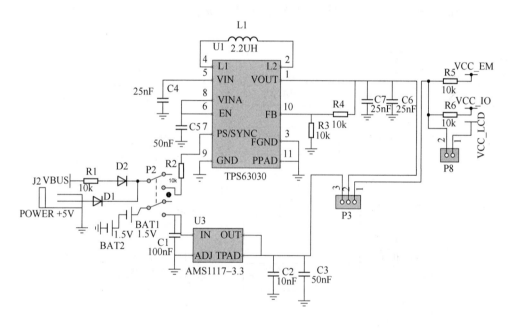

图 12-2　协调器节点硬件结构

CC2530 无线模块主要由 CC2530 芯片构成，如图 12-2 所示，CC2530 模块中集成了许多功能模块，所以外围电路只用了少量电子元器件（电阻、电容和电感原件）以实现很好的无线信号的接收和发送的功能，从而减少了印刷板大小和尺寸，给节点小型化带来很大便利[1]。协调器节点放置在监控中心，故本章设计了外接稳定直流（+5V）、USB、干电池等三种电源供电方式。连接电源选择跳线的 1、2 接口，即选择干电池供电模式，连接 2、3 接口则选择外接稳定的 5V 电压或是 USB 接口对协调器节点进行供电。协调器节点电源电路设计如图 12-2 所示。

12.2 监测系统的软件设计

12.2.1 Z-Stack 协议栈

基于节点设计的通用性和开发特性等方面的考虑，没有编写全部代码，而是移植了 TI 公司的 Z-Stack 协议栈。Z-Stack 协议完全支持 IEEE802.15.4 的 CC2530 片上操作系统[2]，由于它是半开源的，因此用户只能单纯看到这个程序，不可能知道函数的原理及执行依据，在使用协议栈进行系统开发时只能通过调用 API 接口来实现[3]，将 Z-Stack 加载在 IAR 开发环境的过程中，查看整个协议栈，分为以下几层：API、HAL、MAC、NWK、OSAL、Security、Service 和 ZDO。

Z-stack 协议栈采用了时间轮询机制，由主函数 main 完成系统初始化和执行轮转查询式操作系统。协议栈流程图如图 12-3 所示。

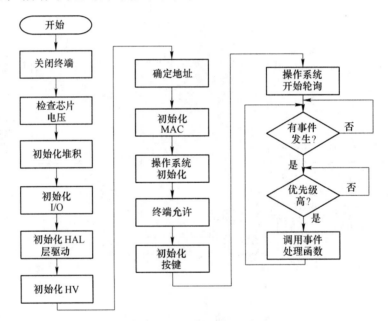

图 12-3 协议栈流程图

12.2.2 终端设备节点软件设计

12.2.2.1 软件流程

终端节点主要由无线通信和传感器两部分组成，传感器主要负责数据的感知，而无线通信模块负责把感知的数据发送到汇聚节点。终端节点的系统流程如图 12-4 所示。

当终端节点通电后，首先完成各模块的初始化，在搜索信道内搜索网络并请求加入，由协调器分配相应的地址，当成功加入网络后，进入休眠状态直至达到程序

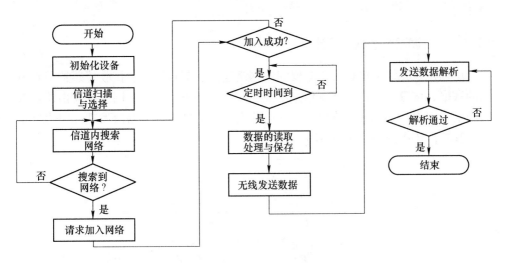

图 12-4　终端节点系统流程图

中设计的定时时间为止，当终端节点从休眠状态转换成工作状态后，终端节点完成相应采集工作，将采集到的结果通过已连接的网络传给路由节点或协调器。

12.2.2.2　数据采集程序的设计

AM2321 温湿度传感器的数据读取流程的说明，如图 12-5 所示。

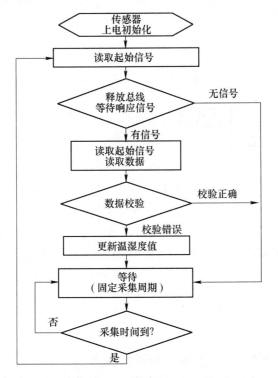

图 12-5　温湿度传感器的读取流程图

12.2.3 协调器节点软件设计

协调器是无线网络核心，主要完成网络建立、节点加入、接收传感器节点发送的数据、按键处理以及系统信息的液晶显示等任务。ZigBee 网络主要由协议栈的网络层实现，ZigBee 网络层为加入的节点分配地址且提供路由发现和路由维护等。其软件流程图如图 12-6 所示。

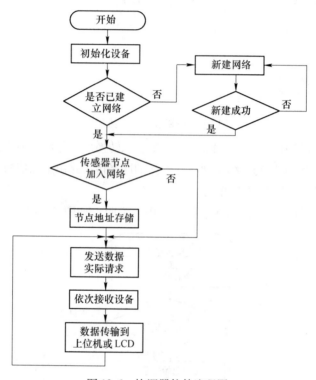

图 12-6 协调器软件流程图

协调器开始工作时首先对软硬件进行初始化，期间包括通过信道扫描选择合适的信道，设定 PANID，选择网络地址和设定网络参数，完成协调器的初始化。网络建立以后，各节点向协调器发送请求入网信号，如果协调器节点所监测的信息完全符合入网的要求，最终由协调器为各节点发送网络地址[4]，完成终端节点（路由的入网流程与终端节点相同）与协调器网络通信的功能。下面就协调器对数据接收与发送的代码开发进行设计和研究。

12.2.4 界面显示设计

12.2.4.1 Android 开发环境的搭建

首先要进行 Android 开发环境的搭建[5]。本设备的软件编程环境使用的是

Windows7 操作系统，在编程时需要先安装 Java 开发工具集（Java Development Kit，JDK）的 JDK7.0_ 25 版本进行 Java 环境设置，再安装 Java 开发工具 Eclipse（eclipse-SDK-3.5.2-win32 版本），用于编译 Java 源程序。

12.2.4.2　显示软件开发流程

由于 Android 应用程序需要实现的功能较多，对 Java 源程序编程[6,7]时使用 Java 的包机制，分为六个包，分别分为主要活动（Main Activity）、数据字符转换、界面布局管理器、图形用户界面设计、网络编程的读取、网络编程的写入，如图 12-7 所示。

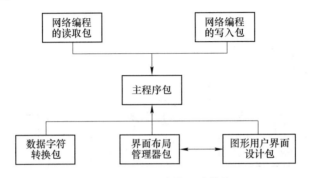

图 12-7　Java 程序的组成模块

Main Activity 包含 Java 的核心类，包括基本数据类型、基本数学函数、线程调用等，显示可视化界面，并接受与用户交互所产生的界面事件。其主要工作流程图如图 12-8 所示。

图形用户界面设计包括两部分，一部分是标准组件，即图形用户界面的基本单位，包括触摸、单击、双击、下拉列表等响应用户的动作；另一部分是自定义成分，包括显示文字、绘制图形、显示图像。数据字符转换主要是十六进制与字符串相互转换的一些静态方法；网络编程使用 Socket 通信方式，分为两个包，即 Socket 读取线程和 Socket 写线程，Socket 具有支持 TCP 协议、安全性高等优点。

主要活动（Main Activity）包启动后，首先是 package 语句，以及对 Java 的 IO、网络编程 Socket 文件以及 Android 文件的输入。

12.2.5　数据处理

对温湿度传感器节点采集和感知的数据进行了滤波处理[8~13]。下面介绍几种常用的滤波方法，并对每种滤波方法的原理和特点进行分析，最终指出了根据实际情况，权衡算法复杂度、滤波效果、节点能耗等因素，选择了适合本章的滤波算法。基于钨矿环境下的环境监测十分的复杂，温度的采集也会受到诸多不确定的外在环境因素的影响，在钨矿的环境监测中又需要进行实时监测，所以需要

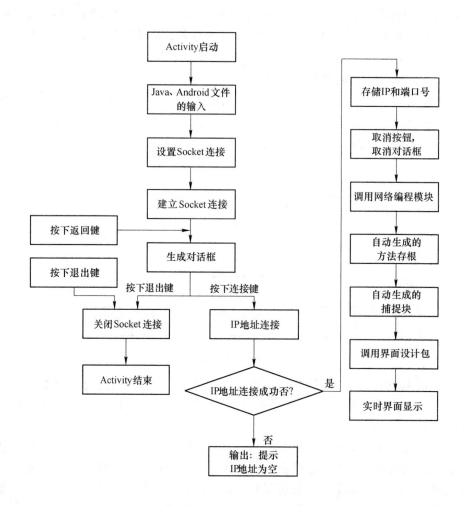

图 12-8　Main Activity 包主要工作流程图

采集非常庞大的数据个数作为实时监测的监测条件；有时几分钟，甚至几秒钟就
要进行一次定量的监测；另外数据在采集过程中很容易受到外界环境的干扰，比
如在温湿度数据采集过程中，传感器可能受人为因素的影响，使采集的数据出现
细微或很大误差，结合以上几种常用的 RSSI 滤波原理、处理方法及各自优缺点
的综合考虑，本设计选用了中位值滤波对数据进行处理。其流程图如图 12-9 所
示。在数据处理过程中首先定义了 I、K、L 三个值，其中 I 代表了从数据库提取
数据的个数，这里为 9，然后将这 9 个数字组成一组并按照由小到大的顺序排列
取出中间的值作为这一组滤波的输出值 L。Med{　}为取中值操作，用此指令依
次完成余下的 49 组中的取中值操作（这里用 K 代表循环的次数），最终得到 50
组输出的滤波值作为检测界面的显示结果。

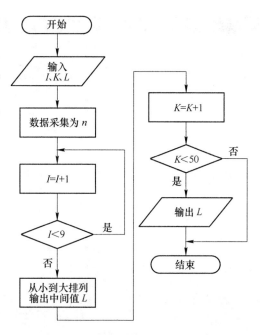

图 12-9 数据采集及处理流程图

12.3 数据调试及处理

12.3.1 WiFi 通信的建立

在本实验中 WiFi 模块起到了信息中转站的功能，通过公共串口线与 ZigBee 协调器相连获取 ZigBee 中的有效信息，再由 WiFi 网络传给上位机，实现数据在整个系统的有效传输功能。

WiFi 节点的主要参数如下：

（1）板载 MCU：STC12C5A16S2 型 51 单片机；

（2）无线标准：IEEE 802.11B/G/N；

（3）频率范围：$2.4 \sim 2.4835\,\text{GHz}$；

（4）发射功率：最大 $15\,\text{dB} \cdot \text{mW}$；

（5）作模式：Client/Router/AP；

（6）无线安全：WEP/WPA/WPA2；

（7）串口波特率：$50 \sim 230400\,\text{bit/s}$。

WiFi 网络建立过程中需要 WiFi 配置工具，默认配置信息如图 12-10 所示。

将信息配置好以后，点击"提交配置"完成 WiFi 的配置工作，然后打开试验箱的 A8 开发板，将 USB 无线网卡插入 A8 开发板中，并激活 WiFi 链接 JD 的 WiFi 网络，密码为设置节点配置时的密钥，显示已连接，说明 WiFi 已成功建立，

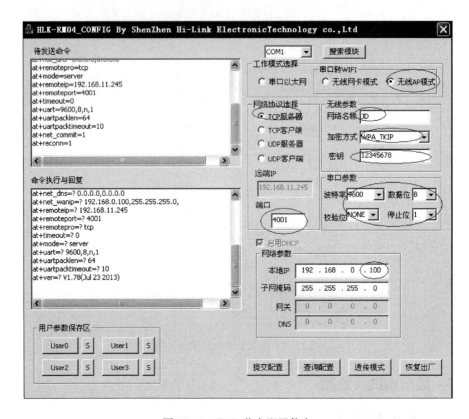

图 12-10　WiFi 节点配置信息

并且 A8 开发板已经成功链接。

12.3.2　ZigBee 网络搭建测试

网络搭建测试可以检测出传感器节点以及路由节点是否成功链接到 ZigBee 组建的无线网络，是本设计完成的一个重要环节[14]。Packet Sniffer 是一款专门的 ZigBee 协议分析软件，可以对 PHY、MAC、APPLICATION、FRAMEWORK、Footer 等各层协议上的信息进行分析和解码。

12.3.3　组网通信测试

组网通信测试可以测试系统组网是否成功。其流程为：首先将相应的程序下载到各个节点中，打开协调器和终端节点的电源，完成网络的建立和终端节点与调器节点的通信功能；然后把 PC 机与协调器相连，设置好调试小助手，并向协调器发送 ModBus-RTU 帧格式数据。上位机发送 ModBus-RTU 帧格式数据 "01 03 00 14 00 02 84 0f" 给协调器。调试结果为 01 03 04 02 A6 01 04 4A 88。

说明此时终端节点感知到的温湿度分别为 26℃ 和 67.8% RH。从而说明终端节点与汇聚节点实现了数据通信，组网通信组建成功，而且终端节点也已经相应完成数据采集、数据处理以及无线通信的功能，达到了钨矿环境监测基本要求。

12.3.4 网络拓扑结构及系统功能测试

采用树状网络拓扑结构，选取一个路由节点承担树状网络拓扑结构。

（1）A8 应用程序操作，实验箱标配的 A8 开发板出厂默认下载了 ZigBee 组网显示应用程序，图 12-11 所示为 ZSensor131121 应用程序图标。

图 12-11　ZSensor131121 应用程序图标

（2）将 USB 无线网卡插入 A8 开发板，通过设置，连接到前面配置的实验箱 WiFi 网络。

（3）输入前面配置的 AP 点的 IP 地址。

（4）配置完连接的 IP 和端口号之后点击"连接"按钮，出现 ZigBee 组网拓扑结构，同时收到传感器数据。在钨矿环境监测系统中仅对温湿度数据采集进行设计（这里指温湿度传感器的软硬件设计）是远远不够的，恶劣的钨矿开采环境需要对钨矿环境的各项因素实施有效的采集与监管，包括光敏、红外反射、烟雾气体等，由 WSN 获得的相应采集数据和网络拓扑结构如图 12-12 所示。

特此声明：此监测数据并非真实钨矿环境下的测量值，而是基于无线传感网络试验箱在环境相对较好的实验室所获得的各项环境参数的测量值。

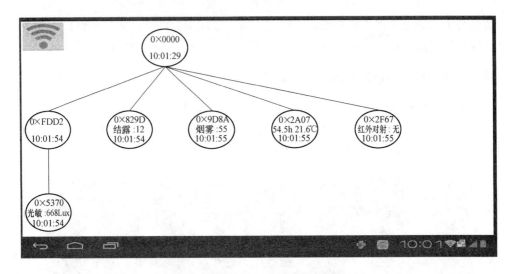

图 12-12 ZigBee 的拓扑组网及数据采集

12.3.5 数据处理

对一次性采集到的 450 组温度数据分成 50 个小组，每个小组有 9 个数据，其中这 450 组数据并不是完全符合被测环境下的监测数据，而是效仿钨矿下可能存在的许多不确定因素引起测量值发生的不确定偏差，这里采取的办法是采用冷水和人的手温与传感器直接接触进而导致实验室温度偏差。然后对这些采集到的有偏差温度数据进行中位置滤波处理，最终得到与实际相符的理想温度值。部分数据见表 12-1。

表 12-1 部分数据采集表

组别	数据								
第一组	26.5	26.1	26.8	24.3	26.2	30.5	35	29	26.4
第二组	26.3	26.1	26.2	14.6	12.6	20.2	24.3	25.7	26.5
第三组	20.3	25.9	28.7	26.2	26.2	26.2	27	24	29
第四组	28.9	26.2	27	23.1	24.5	25.6	26.2	27.8	27.7
第五组	26.5	14.6	26.8	24.2	26	30.9	35.8	29	26.6
第六组	14.9	15.8	15.2	14.3	12.6	20.8	24.6	25.7	26.8
第七组	25.8	25.6	25.6	27.9	30.8	35.2	35.3	35.5	35.8
第八组	34.2	34.1	32	30.6	29.4	28.9	18.7	16.3	11.2

从上述采集到的部分信息可以看出，实验室的室温大致恒定在 26℃ 左右，但在受外界干扰时，传感器采集到的数据也会相应地发生变化，对采集到的 450

个数据，通过 Matlab 语言编写的中值滤波程序处理得到的效果仿真图如图12-13所示。

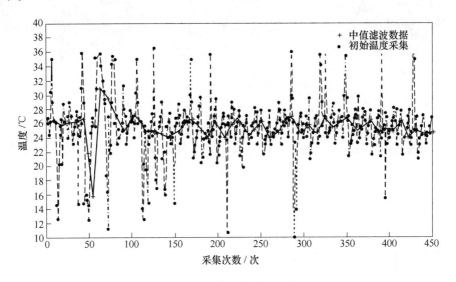

图 12-13　中值滤波仿真图

图 12-13 中虚线代表相邻时刻初始温度采集样本的连线示意图，实线代表了相邻中值滤波数据链接示意图，作为数据处理后的中值滤波值被放置在所在组的温度中心位置。从初始温度采集样本可以看出，局部的数据波动比较大，甚至出现中值滤波后的 16℃ 偏低温和 31℃ 的偏高温。其实在复杂多变的钨矿环境下，存在诸多因素可能导致获取的一组数据的所有值（本程序编写时相连的 9 个样本为一组）都与实际温度偏差较大，此外数据真的出现与预估的数据偏差较大时，也可以及时发现隐患，并尽可能做出应对准备，防止灾害的进一步蔓延。例如钨矿环境测量温度过高时，可能是由于发生火灾而引起的。所以尽早发现，可以将伤害尽可能降到最低，此后温度整体上达到了稳定。尽管采集的样本中依旧出现一些偏差较大的数据，但经过数据处理后温度值也都稳定在 26℃ 左右，与实际值相符，达到了预先数据处理的要求。

12.3.6　系统总体测试

本章关于钨矿环境监测系统研究的总体测试是建立在广州飞瑞敖电子科技有限公司生产的无线传感器试验箱上进行的，其试验箱内的各终端节点都是以 Zig-Bee 作为无线通信方式。协调器通过串口 RS232 与 WiFi 相连将传感器节点和路由器节点获得的数据通过 WiFi 传给上位机。最终在上位机上进行显示，其显示窗口为试验箱自带的 A8 开发板。系统整体测试如图 12-14 所示。

图 12-14 系统整体测试

参 考 文 献

[1] 肖永兵. 基于 Zigbee 的 WSN 设计与实现 [D]. 西安：西安电子科技大学，2010.

[2] Texas Instruments. Datasheet, . CC2530 [M]. Texas Instruments Company，2010.

[3] Texas Instruments. Zigbee Wireless Networking Overview [Z]. Texas Instruments，2008.

[4] 彭光路. 基于 Zigbee 的 WSN 在监测系统中的应用研究 [D]. 南京：河海大学，2008.

[5] 肖云鹏，刘宴兵，徐光侠. Android 程序设计教程 [M]. 北京：清华大学出版社，2013：1~4.

[6] 王治国，王捷. 精通 Android 应用开发 [M]. 北京：清华大学出版社，2014：35~43.

[7] 董佑平，夏冰冰. Java 语言及应用 [M]. 北京：清华大学出版社，2012：146.

[8] 万群，郭贤生. 室内定位理论、方法和应用 [M]. 北京：电子工业出版社，2012.

[9] 何平. 剔除测量数据中异常值的若干方法 [J]. 航空计测技术，1995，15（1）：19~22.

[10] 陶为戈，朱华，贾子彦. 基于 RSSI 混合滤波和最小二乘参数估计的测距算法 [J]. 传感技术学报，2012，25（12）：1748~1753.

[11] 朱剑，赵海，孙佩刚，等. 基于 RSSI 均值的等边三角形定位算法 [J]. 东北大学学报（自然科学版），2007，28（8）：1094~1097.

[12] 高翔. WSN 低功耗路由与节点目标跟踪定位研究 [D]. 西安：西安电子科技大学，2011.

[13] Ngo Thanh Binh, Le Hung Lan, Nguyen Thanh Hai. Survey of kalman filters and their application in signal processing [C] // Proceedings of International Conference on Artificial Intelligence and Computational Intelligence. Shanghai, China：ICAICI，2009：335~339.

[14] 宁炳武. Zigbee 网络组网研究与实现 [D]. 大连：大连理工大学，2007.

基于 WSN 的多用途传输设备设计与研究

13.1 基于 WSN 的多用途传输设备整体架构设计

13.1.1 设备平台的选择

13.1.1.1 设备硬件平台的选择

基于 WSN 的多用途传输设备的硬件平台是基于嵌入式系统实现的。目前，嵌入式系统广泛应用于传输设备中，主要是两方面的因素：一方面是芯片技术快速发展，单个芯片已具有很高的处理能力，可以集成多种接口；另一方面是市场的需求，由于市场对传输设备的可靠性、低成本以及更新换代的要求越来越高，使用嵌入式系统的设备可满足以上需求，从而得到市场的认可，得到广泛应用。

在本章中主要采用嵌入式系统中的嵌入式微控制器以及嵌入式微处理器，其中嵌入式微控制器单片机具有设计简单、成本低的特点，可以处理传感器采集的数据，并具有传输数据的功能；且嵌入式微处理器专用于信号处理，可根据各模块的要求具体选择。

13.1.1.2 设备软件平台的选择

软件设计主要是涉及下位机到上位机的软件设计，在多用途传输设备中要实现用智能手机通过 WiFi 发送模块接收数据实时监控列车的情况，显示屏可通过网卡连接到 WiFi，PC 机可选择连接 WiFi 发送模块或者直接连接以太网交换机接收数据，因 Java 具有适合网络编程等特点，因此使用 Java 平台作为服务平台技术基础，使用 Java 语言对程序进行编程，用 Android 系统作为移动操作系统。

Java 语言是单纯面向对象的一种高级程序设计语言[1]，Java 的主要特点如下：简单、面向对象、平台无关、适合网络编程、多线程机制。Java 还具有安全性、自动垃圾回收机制、丰富的类库相关软件，以及文档可在网上免费下载等特点，所以在企业以及教学中得到广泛使用。

13.1.2 设备的整体架构设计

由于铁路监控系统对传输设备的稳定性要求极高，因此本章中基于 WSN 的多用途传输设备采用多种传输途径，包括 WiFi、ZigBee 以及以太网传输。为方便设计及研究，具体设计出一套基于 WSN 的多用途传输设备系统。

该传输设备使用具有有线 RS485、RS232、RJ45 串口方式、无线 ZigBee、WiFi 方式的多种传感器模块采集数据并传输，实现不同传感器数据实时动态的多方式传输。接入节点和汇聚节点具备的以太网交换机模块、WiFi 模块、ZigBee 网关模块为数据的向上传输提供了有线、无线、短距离及长距离的多种方式，解决数据传输方式单一、系统容错性差的问题。这套用于传感器数据采集、处理、传输的系统为传感器采集的数据提供了一种先进的传输和处理系统，能很好地应用于要求数据传输带宽大、速率高、稳定性和兼容性好的铁路监控系统。

系统中多用途传输设备各传感器的数据传输方式如图 13-1 所示。

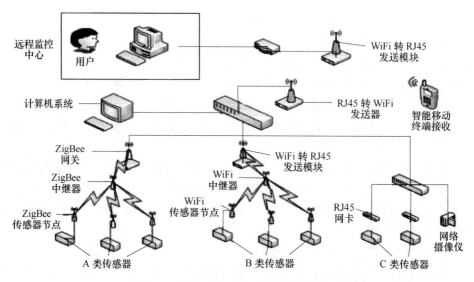

图 13-1 各传感器在监控系统中传输方式

13.1.2.1 多用途传输设备组成

本章设计的多用途传输设备包括传感器模块、传感器节点模块、接入节点模块、汇聚节点模块及管理节点模块五个模块组成。（1）传感器模块由各类传感器组成，包括风速传感器、风向传感器、空气温湿度传感器、光照传感器及 CO_2 浓度传感器。其中光照传感器有 2 个，其他传感器各 1 个。（2）传感器节点模块有 RS232/485 转 ZigBee 方式的传感器节点、RS485 转 RJ45 方式的网卡模块、RS485 转 WiFi 方式的传感器节点，且各个传感器节点各两个。（3）接入节点模块包括 ZigBee 网关模块、WiFi 接收模块、WiFi 中继器模块、以太网交换机模块。（4）汇聚节点模块包括 WiFi 接收模块、以太网交换机模块。（5）管理节点模块：显示屏模块、PC 机、智能手机。多用途传输设备各部分具体组成如图 13-2 所示。

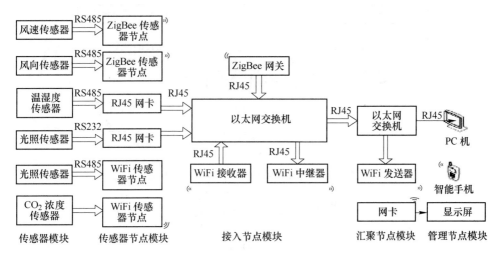

图 13-2 多用途传输设备的组成

13.1.2.2 系统数据传输及处理

A 数据采集传输阶段

风速传感器通过串口 RS485 与 ZigBee 传感器节点连接，风向传感器通过串口 RS485 与 ZigBee 传感器节点连接，空气温湿度传感器通过串口 RS485 与 RS232/RS485 网卡模块连接，光照传感器 1 通过串口 RS485 与 RS232/RS485 网卡模块连接，光照传感器 2 通过串口 RS232 与 WiFi 传感器节点连接，CO_2 浓度传感器通过串口 RS485 与 WiFi 传感器节点连接，之后传感器节点收集传感器输入的信息并对数据进行存储、管理和融合等处理，并将数据传到相应的中继模块。

B 接入节点内数据传输阶段

（1）ZigBee 网关模块将收集到的数据进行处理，完成协议栈之间的通信协议转换后，使数据通过该模块上的 RJ45 串口传输给以太网交换机模块。

（2）WiFi 接收模块有两种传输途径，一种是同 ZigBee 网关模块一样将数据传输给以太网交换机模块，另一种是将数据处理后直接发送给 WiFi 中继模块。

（3）WiFi 中继模块将数据接收处理后直接发给下一个 WiFi 接收模块。

接入节点各数据传输方式的流程图如图 13-3 所示。

C 汇聚节点内数据传输阶段

（1）WiFi 发送模块。接收以太网交换机的数据，传送到智能终端的显示屏、PC 机、智能手机上的通信软件。

（2）以太网交换机模块。将接收来的数据处理完成后通过 RJ45 串口将数据传送给 WiFi 发送模块，也可以直接将数据传送给 PC 机。

汇聚节点各数据传输的流程图如图 13-4 所示。

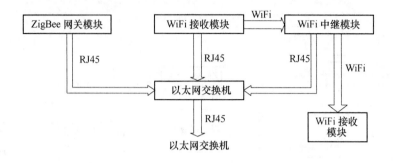

图 13-3　接入节点内数据传输方式流程图

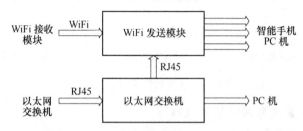

图 13-4　汇聚节点内数据传输方式流程图

13.1.3　实现的功能

该基于 WSN 的多用途传输设备是针对采用各种通信方式传感器模块的数据采集、处理、传输系统，需要满足下述的功能要求。

接入节点负责连接采用不同通信方式的基础设施传感器模块，并将传感器模块发送的数字信号转换为汇聚节点可以识别的帧格式，以统一的 TCP/IP 通信协议通过无线、有线传输方式向汇聚节点发送，实现基础设施监测数据的采集和预处理。

传感器数据经有线或无线两种形式传输至接入节点，并转换成统一的形式向上发送至汇聚节点。底层传感器模块不均匀的分布在某个区间或范围内，因此接入节点可实现有限区域内无线自组网技术和多接口形式接入技术。传感器无线信号发送节点处于多区域交互时，能够自主选择信号最好、路径最短的接入节点。例如在 $R < 100\text{m}$ 的区间内分布着若干个传感器节点，节点通过有线或无线连接将数据传输至接入节点。

传感器网络接入节点设备应支持有线 RS485/232、RJ45，无线 ZigBee、WiFi 多种接口的接入；通过功能定制可实现温度、湿度等多种基础设施服役状态信息进行检测；接入节点和可组网的检测节点的 WSN 组网模式应支持 ZigBee 传感器网络 IEEE 802.15.4 协议，数据传输带宽大于 250kb/s 及 WiFi 传感器网络 IEEE 802.11b/g 协议，数据传输带宽大于 10M；接入节点和可组网的检测节点的 WSN

组网模式点对点传输发射功率小于1W，传输距离不小于50m。

接入节点子设备分别接受下层系统发送的数据，数据格式统一转换成TCP/IP协议向上转发至汇聚节点。

汇聚节点物理上负责连接接入节点和管理节点模块，逻辑上负责各接入节点的数据管理及网络管理。汇聚节点接收各接入节点送来的数据，对数据进行整合，采用TCP/IP协议将相关数据发送至管理节点模块。

汇聚节点具有大容量的数据发送、传输功能。通过多模态数据的综合接入技术可以将面向不同的监测任务、相对独立的监测系统，同时满足多制式、大容量监测数据的传输技术，构建成统一的无线传感器网络。

设备支持RJ45接口、无线WiFi的数据接入方式，无线WiFi支持IEEE 802.11b/g协议，数据传输带宽大于10M，支持WiFi无线自组网技术，汇聚节点设备应支持接入节点数据的汇聚接收，汇聚节点应支持以太网通信制式下传输大容量的监测数据。

接入节点在具备相应传感器模块数据传输接口的同时，使用了以太网交换机、WiFi接收模块、WiFi中继器、ZigBee网关，使数据能转换成统一的格式，并以统一的TCP/IP协议向汇聚节点传输，传输方式和带宽得到增加，速率得到提高。

汇聚节点具备有光交换机、以太网交换机、WiFi接收，能够与多个接入节点相连进行数据的传输。汇聚节点的存在方便了对接入节点的管理，同时也增加了整个系统的数据传输距离，方便数据传回管理节点模块。

管理节点是移动智能终端，包括平板电脑、智能手机、PC机。

13.2 多用途传输设备的硬件结构

13.2.1 传感器模块

本章设计每个传感器接不同的传感器节点，是为了说明多种传输途径，包括WiFi、ZigBee以及以太网传输，在铁路应用中可根据具体情况进行变通。在本章多用途传输设备中，风速传感器使用RS485接口，与ZigBee传感器节点连接；风向传感器使用RS485接口，与ZigBee传感器节点连接；温湿度传感器使用RS485接口，与RJ45传感器连接；光照传感器有两个，光照传感器1使用RS232接口，与RJ45传感器连接，光照传感器2使用RS485接口，与WiFi传感器节点连接；CO_2浓度传感器使用RS485接口，与WiFi传感器节点连接。

具体选用的传感器参数如下：

（1）风速传感器：

1）三杯式风速传感器技术参数：测量范围是$0 \sim 45$m/s，准确率为$\pm(0.3 + 0.03V)$m/s，分辨率为0.1m/s，启动风速不大于0.3m/s，输出形式为RS485。

2）风速传感器 RS485 通信协议。通信格式：首先写入设备地址，发送 00 10 00 AA（16 进制数），然后读取设备地址，发送 00 03 00（16 进制数），最后读取实时数据，发送 AA 03 0F（16 进制数）。

（2）风向传感器。

1）主要功能特点：精度高，可靠性强；高精密合金材料，整体采用聚酯涂层，抗风能力强，耐腐蚀性；观测方便，稳定可靠；传感器电路保护采用容错设计；符合 CE EMC 标准，多级防雷抗浪涌设计；设计精巧，集自动加热装置于一体，可低温除冰霜。

2）技术参数：测量范围为 0° ~ 360° 16 个方向，准确率为 ±2%，分辨率为 0.3m/s，启动风速不大于 0.3m/s，输出形式 RS485。

3）RS485 通信协议。通信格式：①读取风向传感器数据命令：03H，03H，11H，01H。风向回应数据范围在 OXa0 ~ OXAF 之间。②读取风向传感器设备地址：00H，10H，20H，01H。设备回应：00H，10H，20H，03H。③修改地址命令：03H，10H，20H，03H。设备回应：03H，10H，20H，03H。

（3）温湿度传感器。该传感器具有稳定性好、一致性好、响应速度快，采用标准的 MODBUS 协议，出厂默认地址为 1，波特率为 9600，8 位数据位，无奇偶校验，1 位停止位，产品上电主动上传，设置好 com 口，然后波特率设置为 9600，变送器主动上传数据 " ADDR 01 BAUD 9600 8N1 VH1.1 VS1.0"。

（4）光照传感器。在本章的传输设备中光照传感器采用中华传感器公司的 ZD-2 系列的 RS232 型光照度传感器和 RS485 型光照度传感器。

（5）CO_2 浓度传感器。该传感器使用 RS485 接口，协议为 MODBUS 通信协议，出厂默认设置为：波特率 9600，数据位 8 位，停止位 1 位，校验位无，地址 1。255 为设备广播地址，修改量程是在设备广播地址分别修改 CO_2 高值点和低值点。

13.2.2 传感器节点模块

该传输设备使用具有有线 RS485、RS232、RJ45 串口方式，无线 ZigBee、WiFi 方式的多种传感器模块进行采集数据并传输，实现不同传感器数据实时动态的、多方式的传输。基于 WSN 的多用途传输设备中使用的传感器节点模块主要包括三类，即 ZigBee 传感器节点、RS232/RS485 网卡模块和 WiFi 传感器节点，实现有线 RJ45 方式，无线 ZigBee、WiFi 方式的三种数据传输方式，达到不同传感器数据实时动态的、多方式传输的目的。

13.2.2.1 ZigBee 传感器节点

A ZigBee 传感器节点设计思路

ZigBee 传感器节点即 RS232/485 接口输入 ZigBee 方式发送数据的传感器节

点，采用 +5V 电源，由电源、串口连接电路、复位电路及无线收发电路组成，实现 RS232/485 串口转成 ZigBee 方式发射，即是 RS232/485 串口数据经过串口连接电路使电平转换成 TTL 电平，再通过 CC2530 无线发射，传输给下个接收节点。RS232/485 串口数据转换为 ZigBee 发射方式的转换电路系统的总体模块框图如图 13-5 所示。

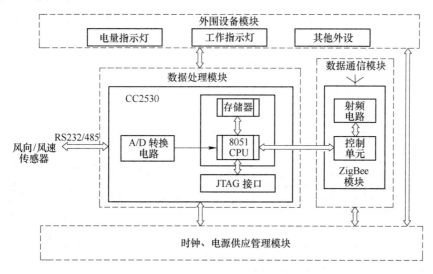

图 13-5　节点系统组成模块框图

B　数据处理模块

数据处理模块采用单片机 CC2530 芯片，该芯片由 A/D 转换电路、性能优良且低耗优点的 8051 微控制器内核、32kB 的系统内可编程内存、8kB 的 RAM，适应 2.4GHz、IEEE 802.15.4 射频收发器，灵敏度高，抗干扰性强，可编程输出功率为 4.5dB·mW，只需要一个晶体振荡器以及极少的外接元件等优点。由于 CC2530 采用的是 3.3V 的电压，所以在电路图中采用了 AS1117 稳压器，将 5V 的直流电压转换为 3.3V 的电压。考虑内部和外部对系统信号的干扰，应严格分开模拟部分和数字部分电路的电路，尤其是对核心电路，在系统的地线进行环绕且布线加粗，电源增加滤波电路，采用 DC-DC 隔离。

光电隔离器是一种抗干扰、防过压器件，里面包括光敏元件及发光元件，通过光传递实现耦合，实现电-光-电转换性能，具有良好的电气隔离特性。本章选用的 6N136 芯片是晶体管与光电输出光耦组合芯片。MAX485 是 TTL 信号与差分信号的转换芯片，包含 1 个接收器和 1 个驱动器，用于 RS422 与 RS485 通信协议标准的低功率收发器。将 CC2530 芯片的接收端 P0.2、发送端 P0.3 和控制端 P0.4 3 个端口分别接到 3 个 6N136 芯片，再将 3 个 6N136 芯片与 MAX485 芯片连接，可实现较好的抗干扰性，避免在通信过程中一连串零器件烧坏以及在保护下位机时减少时间损耗。具体连接方式是：将 CC2530 芯片的接收端 P0.2 端口与 6N136 芯片的引脚 3 连接，再将 6N136 芯片与 MAX485 芯片引脚 1 连接；将 CC2530 芯片的接收端 P0.3 端口与第二个 6N136 芯片的引脚 3 连接，再将该 6N136 芯片与 MAX485 芯片引脚 4 连接；将 CC2530 芯片的接收端 P0.4 端口与第三个 6N136 芯片的引脚 3 连接，再将该 6N136 芯片与 MAX485 芯片引脚 3 连接[2]。RS485 总线模块与 CC2530 节点连接电路图如图 13-6 所示。

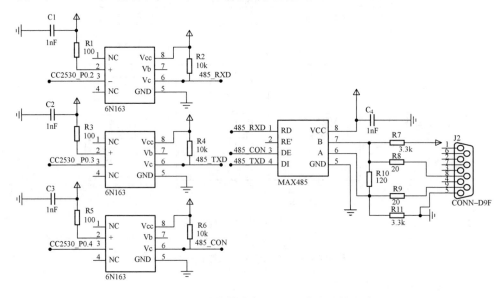

图 13-6 RS485 总线模块与 CC2530 节点连接电路图

C RS232/RS485 通信连接

由于传感器输出形式有 RS232 和 RS485 接口，因此传感器节点需要有 RS232 和 RS485 的转换模块，使用 6IN232CP 芯片，该芯片是 RS232 接收器，RS232/485 转换器电路图如图 13-7 所示，传感器节点通过 9 针母口接收 RS232 串口数据，再通过 6IN232CP 芯片把数据转换为 RS485 串口数据。在该电路芯片电源处设置一个拨码开关，由硬件拨码开关选择该传感节点 RS232 还是 RS485 接口接入。

13.2.2.2 RS232/RS485 网卡模块

RS232/RS485 网卡模块是将 RS232/RS485 接口数据与 TCP 网络数据包或 UDP 数据包实现透明传输的设备，实现嵌入式以太网串口数据转换，内部集成 TCP/IP 协议栈，完成嵌入式设备网络功能，该网卡模块实现框图如图 13-8 所示。

该网卡模块是将 RS232/RS485 接口数据转为 RJ45 方式发送，所以要有 RS232 与 RS485 转换模块。在本章中 RS232/RS485 网卡模块选用济南有人网络

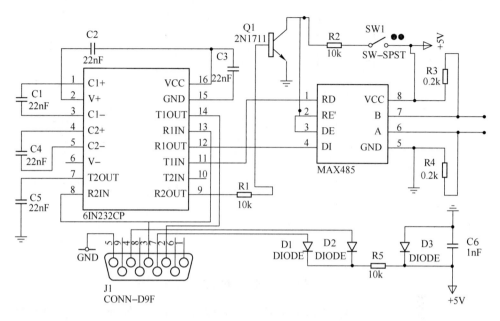

图 13-7 RS232/RS485 转换器电路图

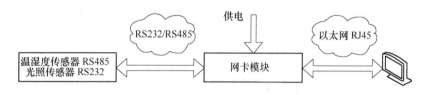

图 13-8 RS232/RS485 网卡模块实现的功能框图

技术有限公司的 USR-TCP232-300 产品，该产品主要由控制单元、网络接口单元组成，其中控制单元采用的是 32 位 ARM CPU，完成数据的收发和数据格式的转换，网络接口单元实现数据以太网帧格式的封装和拆封及数据变换[3]。该产品的网络接口是带 2kV 电磁隔离的 RJ45 接口，外接网络变压器 H1102 和 RJ45 插口，网卡模块电路图如图 13-9 所示。外接网络变压器 H1102 主要具有增加传输距离、增强抗干扰的功能。

RS232 的接入口采用 9 针母口，只用 2（TXD）引脚、3（RXD）引脚、5（GND）引脚这三根线，其余为空。RS485 也是采用 9 针母口，内部有 120R 终端匹配电阻。两者之间可以实现自动切换，无需跳线切换。网卡模块是 RS232 或者 RS485，串口转换为 RJ45 有线传输，使温湿度传感器或是光照传感器的串口数据转化为以太网方式传输。

13.2.2.3 WiFi 传感器节点

WiFi 传感器节点即 RS485 接口传输 WiFi 方式发送数据的传感器节点，该硬

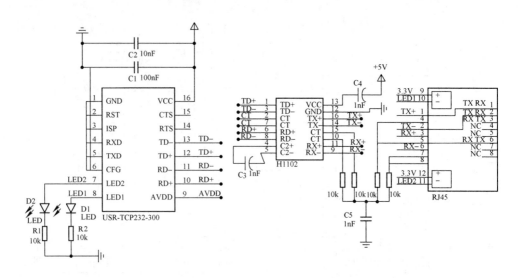

图 13-9　网卡模块电路图

件采用由宏晶科技公司生产的 STC12C5A60S2 核心处理器,外围电路包括 RS485 接口、电源模块、时钟电路、2.4GHz 发射器和工作状态以及电源指示灯[4~6],节点硬件框图如图 13-10 所示,WiFi 主要接口电路图如图 13-11 所示。

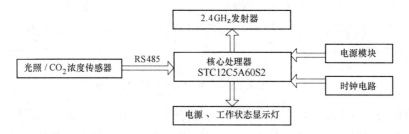

图 13-10　WiFi 传感器节点硬件框图

13.2.3　其他模块

13.2.3.1　ZigBee 网关模块

ZigBee 网关模块接收 ZigBee 传感器节点模块上的 ZigBee 信号,转换为 RJ45 的信号,再将该信号传输到以太网交换机,所以 ZigBee 网关模块需要有 ZigBee 信号接收器,再通过处理器将数据传输到以太网处理芯片处理,实现嵌入式以太网与 ZigBee 数据转换,内部集成 TCP/IP 协议栈,完成嵌入式设备的网络功能[7],该模块的设计框图如图 13-12 所示。

选用众志物联网的 zg2420-se 模块,将 ZigBee 传输方式转换为 RJ45 的传输方式,内置网状的点对点无线路由协议,没有网络延迟,采用时空均衡原理[8]。

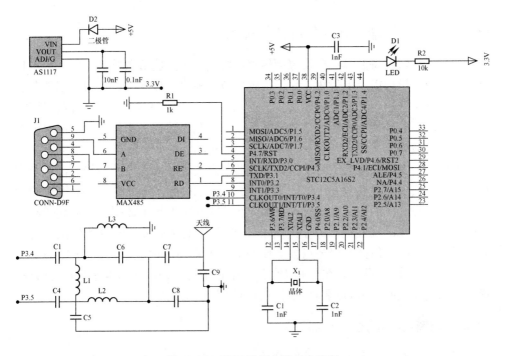

图 13-11 WiFi 的部分接口电路图

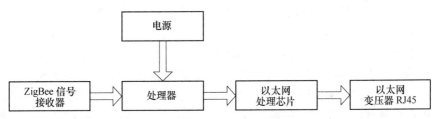

图 13-12 ZigBee 网关模块的设计框图

13.2.3.2 WiFi 接收模块和 WiFi 中继模块

WiFi 接收模块在本章中指的是 WiFi 方式接收 RJ45 串口传送数据的服务器，该模块选用的是济南有人物联网技术有限公司的以太网转 WiFi 无线路由，模块型号为 HLK-RM04，是多功能串口 WiFi 无线路由器模块，全透明双向数据传输以及以太网接口，稳定可靠；支持市面上通用的 WiFi 加密方式和算法，支持 802.11b/g/n；支持无线 WiFi 工作在 AP 模式和节点模式，真正的硬件 AP，支持 Android 系统等 WiFi 连接[9]。

13.2.3.3 以太网交换机模块

以太网交换机使用博通公司的 BCM5324 芯片，该芯片配有 24 种以太网端口以及接收器，具有较高的稳定性，有较多的 RJ45 接口，满足本章多用途传输设备对以太网交换机的要求[10]。

13.3 多用途传输设备软件设计与实现

多用途传输设备的节点模块包括传感器模块、传感器节点模块、接入节点模块、汇聚节点模块以及上位机，除了传感器节点模块，接入节点模块、汇聚节点模块都是直接选用市场已有的模块，里面已固化有程序且采用的是 C 语言编程。传感器模块中的各类传感器在该处理芯片中需要载入数据采集程序，完成对温湿度、光照等数据的采集；在传感器节点模块中的 ZigBee 传感器节点要设定一个定时器程序，实现数据的定时发送；传感器节点模块、接入节点模块、汇聚节点模块主要是实现消息传递的目的；通过无线方式传递的模块要统一个模块的地址，使其各自分配的地址唯一且可识别，在传输时确保每个数据包能顺利传给指定的模块而不会出现混乱[10]。在本章的软件设计主要解决传输设备的抗干扰研究，以及上位机如何把汇聚节点模块传送的数据进行界面显示，即 Android 平台上 WSN 界面软件的设计。在界面软件设计中采用的是 Java 语言及平台进行编程，通过移动终端上的 Android 界面软件进行数据界面显示[11]。

13.3.1 传输设备的通信干扰研究

干扰是指在某些电子信号的原因下，对电路造成的一些不同反应。本章只设计了一套具有 6 个传感器的基于 WSN 的多用途传输设备，在实际应用到铁路监控系统中，多用途传输设备的传感器种类、数量会大大增加，以及相应的传感器节点、中继节点、汇聚节点等也会随之增多，因此不可避免地要考虑到干扰问题。WSN 的多用途传输设备在通信中使用了多种传输方式，包括 WiFi、ZigBee 的无线通信方式以及 RJ45 以太网的有线传输方式，尤其是无线传输方式在通信过程中存在各种电磁干扰，包括互调干扰、邻频干扰、同频干扰以及时间色散引起的干扰，因此对 WSN 的干扰自适应感知的研究是非常必要的。

在 WSN 中发射及接收数据的节点因干扰导致数据传输不准确，影响传输设备传输的准确性，其中干扰主要分为信道之间的内部干扰以及其他设备引起的外部干扰。因此需要通过测试得到大量的数据，再通过分析与仿真结果进行比较，得出误差存在原因，具体流程图如图 13-13 所示。

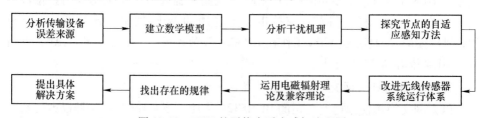

图 13-13 WSN 的干扰自适应感知流程图

对整个干扰自适应感知判断的编程流程图如图 13-14 所示。

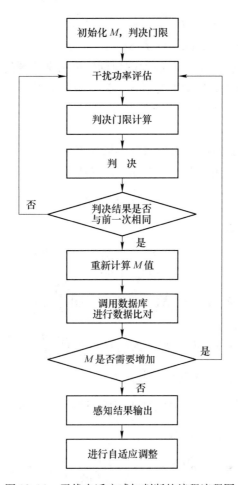

图 13-14 干扰自适应感知判断的编程流程图

设外界电磁干扰信号为 $s(t) = \sum_{k=1}^{n} x_k(t)$，干扰信号的带宽设定为 B，在公式中表示为外界干扰源的个数，为干扰信号，模型为一个基于频分信号系统，感知端接收的信号如式（13-1）所示：

$$y(t) = \sum_{k=1}^{n} h_k(t) \bigotimes x_k(t) + u(t) \tag{13-1}$$

式中，$h_k(t)$ 是 k 个信号到接收端的信号冲击响应函数；$u(t)$ 是加性高斯噪声（包含通信频段）。

感知接收端对接收信号 $y(t)$ 进行采样、A/D 变换后，对采样序列进行快速傅里叶变换（FFT），获得采样信号的频域样值，经过 FFT 变换后的频域样值序列表示不同频点处的接收信号频谱，每个频点的大小可由以下二元形式表示，如式（13-2）所示：

$$H_0 : Y_{nm} = U(n\Delta f, mT)$$

$$H_1 : Y_{nm} = H(n\Delta f, mT) S(n\Delta f, mT) + U(n\Delta f, mT) \tag{13-2}$$

式中，$n\Delta f$ 为不同的频点位置；H_0 假设该频点的单独干扰源的干扰信号；H_1 假设该频点所有干扰信号；$U(n\Delta f, mT)$ 为第 n 个频点的可加性干扰信号；$H(n\Delta f, mT)$ 为信道在第 n 个频点上的频域响应；mT 表示接收信号 $y(t)$ 采样的时间段为 $[(m-1)T, mT]$。

假设各干扰信号在时间内出现与否的情况不变，但干扰信号的瞬时频谱是变化的，为感知各频点占用情况，构造如下的判决量：

$$J_{Y(n)} = \frac{1}{M} \sum_{m-1}^{M} |Y_{nm}|^2 \tag{13-3}$$

式中，M 是平均的次数。

这里 $\overline{V}_n = |hn|^2 e_s^2(n)/e_u^2$ 为第 n 个频点的平均信噪比，第 n 个频率点的检测率和虚警率如式（13-4）、式（13-5）所示：

$$P_D(n) = P_r(J_Y(n) \rangle X(n) \bigm| H_1) = Q\left[\frac{\overline{M}}{2} \frac{X - (1 + \overline{V}_n)e_u^2}{(1 + \overline{V}_n)e_u^2}\right] \tag{13-4}$$

$$P_f = P_r(J_Y(n) \rangle X(n) \bigm| H_0) = Q\left(\frac{M}{2} \frac{X - e_u^2}{e_u^2}\right) \tag{13-5}$$

式中，$X(n)$ 为第 n 个频点的判断门限。

当 $Q(x) = \int_x^\infty \frac{1}{2\pi} e^{-\frac{z^2}{2}} \mathrm{d}z$，得到判决门限与检测率、虚警率、平均信噪比和噪声功率的关系，如式（13-6）所示：

$$X(n) = e_u^2\left[1 + \frac{\overline{V}_n}{1 - \frac{Q^{-1}(P_D(n))}{Q^{-1}(P_f(n))}}(1 + \overline{V}_n)\right] \tag{13-6}$$

在传输设备各种电磁环境中，至少要求 $P_D > 1/2, P_f < 1/2$，因此 $c = -\frac{Q^{-1}(P_D)}{Q^{-1}(P_f)} > 0$，式（13-6）可写成：

$$X(n) = e_u^2\left[1 + \frac{\overline{V}_n}{1 + c(1 + \overline{V}_n)}\right] \tag{13-7}$$

通过对节点的干扰自适应感知，分析误差来源，改进基于 WSN 的多用途传输设备。

13.3.2　界面软件整体设计

首先要进行 Android 开发环境的建立。本设备的软件编程环境使用的是 Windows7 操作系统，在编程时需要先安装 Java 开发工具集（Java Development Kit, JDK）的 JDK7.0_ 25 版本进行 Java 环境设置，再安装 Java 开发工具 Eclipse 的

eclipse-SDK-3.5.2-win32 版本,用于编译 Java 源程序,在 JDK 及 Eclipse 安装完之后,安装 Android 的应用程序开发包 Android SDK 以及 Eclipse 的插件 ADT(Android Development Tools)。ADT 对 Android 插件搭建良好的环境,扩张了 Eclipse 的功能,为应用程序界面提供平台。在 Eclipse 上创建 Android 工程,编辑运行 Java 源程序,运行成功就完成 Android 程序的编程[12]。

在智能手机安装上多用途传输设备的 Android 界面软件,安装完成后运行,出现界面,Android 应用程序的执行程序是:用户点击界面图标,传递意图,查询资源,进行索引,显示类,调用处理方法,返回处理结果,智能手机显示应用界面。

该设备的软件要实现在智能手机上显示采集的数据并通过曲线图形动态实时显示数据的变化曲线,由于智能手机显示屏的尺寸较小,一次只进行两种数据采集的界面显示,用户可通过界面上的对话框进行选择温湿度、风向、风速等六个传感器中一个传感器的数据采集显示。由于 Android 应用程序需要实现的功能较多,对 Java 源程序编程时使用 Java 的包机制,分为六个包,分别分为主要活动(Main Activity)、数据字符转换、界面布局管理器、图形用户界面设计、网络编程的读取、网络编程的写入[13]。

13.3.3 界面软件具体编程

13.3.3.1 主要活动包

在第 12 章讲到的主要活动包中,取消对话框进入数据显示界面,调用网络编程 Socket 包,对数据进行捕捉存储,再调用界面设计包,进行数据曲线实时显示,一旦用户按下退出键,Activity 结束,处于非活动状态,退出 APP,释放线程等程序。

13.3.3.2 数据字符转换包

数据字符转换包主要是 16 进制与字符串相互转换的一些静态方法的类,包命名为 HexStrConvertUtill,包括字符串转换成十六进制文字列的类、字节转换成字符串的类、两个 ASCII 字符合成一个字节的类、合并 3 个字节数组的类,其他包在进行数据字符转换时可以直接调用[14]。

13.3.3.3 用户界面包

用户界面包包括界面布局管理器包、图形用户界面设计包,分别命名为 Wind 和 XYChart。

界面布局管理器包采用的是线性布局(linear layout),使用者采用垂直或者水平属性排列子元素且将组件简洁而又美观地分布在界面上。

图形用户界面设计包主要是标准组件、用户自定义部分和单击事件的响应。标准组件包括按钮(button)、菜单、下拉列表框;用户自定义部分包括显示的文字、图形绘制、图像显示，修饰界面的作用，标准组件能响应用户的动作；单击事件的响应这里主要是 Button 的单击监听事件。

用户自定义部分包括显示的文字、图形绘制、图像显示，修饰界面的作用，轴说明主要设置了标题、X 轴说明，背景颜色、坐标轴标题字体大小、曲线说明大小、显示放大缩小按钮等。

13.3.3.4 网络编程包

网络编程包包括网络编程的读取包、网络编程的写入包，分别命名为 Socket-ReadTherad 和 SocketWriteTherad。

传感器节点要以无线传输的方式把数据传输到智能手机上，传感器节点无线收发使用 TCP/IP 协议，智能手机通过 IP 地址对传感器节点定位。Java 提供的 Socket 类支持 TCP（transfer control protocol）协议，在发送数据之前，发送方和接收方各有一个 Socket，建立连接后，双方就可以双向传输数据，并且所有发送的信息都会在另一端以同样顺序被接收，安全性高。

13.4 多用途传输设备的成品及测试

做出一套基于 WSN 的多用途传输设备的成品，并对其测试，主要分两部分测试，一部分是对传感器节点的硬件测试；而另一部分是 Android 界面软件的实现。一套基于 WSN 的多用途传输设备的成品如图 13-15 所示。

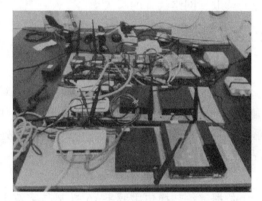

图 13-15 一套基于 WSN 的多用途传输设备的成品

13.4.1 各传输设备模块及测试

传感器模块包括风速传感器、风向传感器、温湿度传感器、光照传感器 RS232、光照传感器 RS485 以及 CO_2 浓度传感器。

传感器节点包括三类，分别为 ZigBee 传感器节点、WiFi 传感器节点、RS485 转 RJ45 方式的网卡，该三类传感器节点模块的实物如图 13-16 所示。

需要对三类传感器节点模块分别进行测试，对于 ZigBee 传感器节点使用 Zig-Bee 无线节点配置软件，ZigBee 传感器节点具有采集信息、配置实现、固件升级和远程无线搜索功能，可以对数据通信测试两个 ZigBee 传感器节点，将两个 Zig-Bee 传感器节点连接到电脑 USB 口，用 ZigBee 无线节点配置软件进行配置，打开串口调试软件，进行点对点透明传输，主从模式传输。

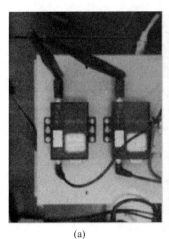   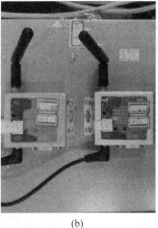   

(a)　　　　　　　　　　　(b)　　　　　　　　　　　(c)

图 13-16　三类传感器节点模块的实物图

（a）ZigBee 传感器节点；（b）WiFi 传感器节点；（c）RS485 转 RJ45 方式的网卡

　　WiFi 无线传感器节点配置，先对该传感器节点重启，用计算机连接到 HI-LINK 开头的网络，分配到 192.168.16.254IP 地址，再到 IE 浏览器进入 WiFi 无线传感器节点配置界面进行参数设置，如图 13-17 所示。RS485 转 RJ45 方式的网卡，通过串口网络调试软件对 IP 地址、子网掩码网关进行修改，如图 13-18 所示。

图 13-17　WiFi 传感器节点配置界面

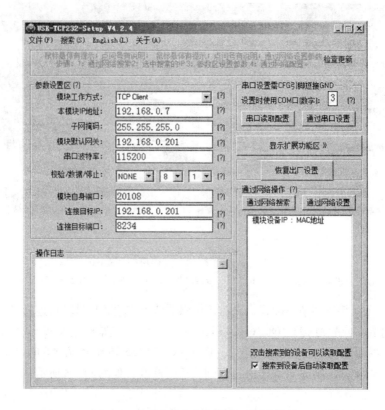

图 13-18　网卡的串口网络调试软件界面

　　接入节点模块中的 ZigBee 网关模块、WiFi 接收模块、WiFi 中继器模块、以太网交换机模块、汇聚节点模块中 WiFi 发送模块、以太网交换机模块以及管理节点模块中的显示屏模块，如图 13-19 所示。

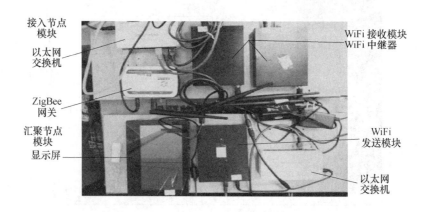

图 13-19　接入节点模块以及管理节点模块

13.4.2 Android 界面软件数据显示

设置好各个传感器数据的 IP 地址，使数据在传输过程中不出现混乱，移动终端设备可以通过 Android 界面软件选择 IP 地址，正确接收汇聚节点的 WiFi 发送模块传输的数据，进行显示。

连接 ZigBee 传感器节点的风向传感器，命名为风向-ZigBee-485（8001）传感器，IP 地址为 192.168.10.105；连接 ZigBee 传感器节点的风速传感器，命名为风速-ZigBee-485（8002）传感器，IP 地址为 192.168.10.106；连接 RS485 转 RJ45 方式的网卡的温湿度传感器，命名为温湿度-485 转有线（101）传感器，IP 地址为 192.168.10.101；连接 RS485 转 RJ45 方式的网卡的光照传感器，命名为光照-485 转有线（102）传感器，IP 地址为 192.168.10.102；连接 WiFi 传感器节点的 CO_2 浓度传感器，命名为 WiFi- CO2- 485（103）传感器，IP 地址为 192.168.10.106；连接 WiFi 传感器节点的光照浓度传感器，命名为 WiFi- 光照- 485（104）传感器，IP 地址为 192.168.10.104。

打开 Android 界面软件，选择设备的 IP 地址和对应的传感器节点，各传感器的数据如图 13-20 所示。每个界面有两个传感器的实时数据采集的显示界面，随着时间时时更新、动态显示。由图可知该设备还不是很完善，其中温湿度传感器的湿度数据不能正常显示，原因是 Java 编程时界面设置不够完善。

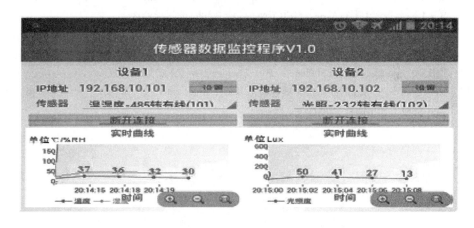

图 13-20　温湿度及光照传感器的数据显示界面

以上测试内容及结果表明，该基于 WSN 的多用途传输设备能够正确采集传感器的数据，并可以通过移动终端设备接收到 WiFi 发送模块的数据并进行界面显示，实现远程接收数据及监控的功能，满足监控系统对传输设备的要求。

参 考 文 献

[1] 董佑平，夏冰冰. Java 语言及其应用 [M]. 北京：清华大学出版社，2012.

[2] 孙冠男. 基于 ZigBee 协议的物联网实验教学平台的设计与开发 [D]. 济南：山东师范大学，2014.

[3] 褚伟. 矿用串网口转换技术及其应用研究 [D]. 西安：西安科技大学，2009.

[4] 张晓辉. 串口转 WiFi/GPRS 数据双网模块开发 [D]. 西安：西安科技大学，2011.

[5] 李文峰，顾敦清. 基于 ARM11 平台的串口转 WiFi/GPRS 双网模块设计 [J]. 电子器件，2013，1：80～84.

[6] 罗明. 基于 Wi-Fi 技术的人员密集场所疏散引导系统设计 [J]. 电子世界，2014，16：213.

[7] Welboume E, Battle L, Cole G, et al. Building the internet of things using RFID [J]. IEEE Internet Computing, 2009, 13 (3)：48～55.

[8] Heinrich C E. RFID and beyond：Growing your business through real world awareness [M]. Wiley, 2005.

[9] Akyildiz I F, Su W, Sankarasubramaniam Y, et al. Wireless sensor networks：A survey [J]. Computer Networks, 2002, 38：393～422.

[10] Tilak S, Abu-Ghazaleh N, Heinzelman W. A taxonomy of wireless micro-sensor network models [J]. ACM Sigmobile Mobile Computing and Communications Review, 2002, 6 (2)：28～36.

[11] Krylov V, Logvinov A, Ponomarev D. EPC object code mapping service software architecture：Wb Approach [M]. Ontario：MERA Networks Publications, 2008.

[12] Lewis J, Loftus W. Java software solutions：foundations of program design [M]. Pearson/Addison-Wesley, 2009.

[13] Bell D, Parr M. Java for students [M]. Prentice Hall Press, 2010.

[14] Horstmann C S, Cornell C. Java 核心技术 [M]. 8 版. 叶乃文，祁劲筠，杜永萍，译. 北京：机械工业出版社，2008.

14 总结与展望

14.1 结论

目前我国仍处于经济上升阶段，现代化建设、工业自动化发展都离不开大量的能源消耗。当下乃至未来几十年内，矿产资源依然是我国最主要的能源。随着我国资源整合，为了实现安全、集约和高效运行，WSN 技术在井下的应用越来越广泛，本书在研究 WSN 信号在井下传输、WSN 优化算法及井下应用中主要得出如下的结论：

（1）通过对矿井巷道电磁传输的分析比较，得出了矿井无线通信的频段为 UHF 频段，此频段具有传输损耗小、传输距离大、干扰较小等优点。通过 HFSS 软件对比分析，得出了拱形直巷道中的传输损耗最小，且频率对传输损耗的影响较小，得出拱形直巷道适合作为矿井无线通信的通道。建立了电力机车的随机干扰模型，分析了干扰特性，提出了干扰源抑制方法和解决措施，有效降低了电力机车对 WSN 的电磁干扰。

（2）基于目前 WSN 节点存在生命周期短的问题，提出了改进的 LF-LEACH 路由协议，延长了 WSN 节点的网络生存周期。运用加权质心算法，提高了定位精度，在 10m 范围内，定位精度提高了 50% 以上。提出了一种跨层的高效节能算法，主动控制全局网络，并与业务量相适应，降低了网络能耗。通过不同参数组合，得出最佳的路径寻找方案。算法省去了蚁群算法初期的大量盲目的搜寻工作，寻找最优路径的效率较高，并且该算法在参数优化后最短路径长度取得很好的收敛性。

（3）通过研究，实现了压缩感知及环境监测和多功能设备的方案设计和应用，取得良好应用效果。压缩感知技术可以压缩 60% 以上的数据传输量，环境监测系统很好地实现了环境监测功能，应用于井下的多功能设备，可以很好地实现设定功能，并通过移动终端实现了长距离监测。

14.2 展望

在本书研究过程中，作者查阅了大量的国内外文献，认真分析了有关 WSN 问题的研究成果。虽然对信号传输和优化算法做了一些工作，但由于环境特殊，条件有限，随着研究的深入，感觉到有越来越多的艰巨而又有意义的研究内容需要拓展与研究，作者认为进一步的研究工作应该从以下几个方面开展：

（1）由于井下环境的特殊性可能还有许多因素没有考虑到，干扰及信号覆盖问题、信号强度问题都是需要面对的问题。电磁干扰场源分析得不够细致，在系统仿真环节中，仿真因为只能靠理论数据和公式进行模拟仿真，在缺少实际数据做基础的条件下，仿真结果可能与真实情况存在一定的偏差。分析的传感器节点是静止不动的，未考虑运动时的状况。未对失效节点做处置，如是该忽视它们还是给它们充电，使其再次变成有效的传感器节点。在传感器节点数据传输进程里，未涉及传输的意外情况，若发生此状况，数据没传输给目标节点就花费了一定的能源，从而致使节点过早失效。小区域中的簇头是直接把数据传输到基站的，并没有考虑通过多跳的方式把数据传输到基站。

（2）研究内容主要在二维平面进行，对本问题在三维空间的相关研究较少。仅仅针对路径进行寻求最优化，没有将网络的连通性与覆盖问题相结合进行研究。仿真环境是理想情况下的，然而实际环境中，因为环境因素的变化，定位算法显现出不确定性和不够稳定。定位算法研究有一个前提假设，那就是在待测区域内无被损坏的定位节点，但实际情况中可能会有部分节点从一开始就无法工作或者中途无法工作。

（3）压缩感知理论仍处于发展阶段，针对构建较好的观测矩阵，目前国内外仍处于根据实际应用构建合适的随机矩阵，还没有突破主观构造合适的观测矩阵。若能根据海量数据的压缩需求，主观构造合适的观测矩阵，不仅可实现大幅度的压缩，还可以精确提取局部数据的重要信息用来跟踪压缩过程。通过设计模糊推理控制系统，可以很好地实现异类数据的融合，但是在选择确定隶属函数时，用到了经验法，就目前研究来看，经验法存在很大的主观性，尚存在很大的研究空间。

（4）多用途传输设备的 Android 界面软件，可以考虑基于浏览器的 Web 应用，例如 Web 前端技术 HTML5、CSS3、JavaScript 等，还可以考虑在多个移动操作系统中运行，移动终端设备是通过 WiFi 方式进行数据的采集，还可以考虑3G、4G 无线通信技术进行数据的接收。